Un irlandais, St Desle, fonda Leure, près de Besançon.
Seigneur de Besançon, St Donat, fonda St Paul.
Pour les femmes, il a fondé Jussa-Moutier, d'après les règles de St CÉSAIRE [que Ste Radegonde a adoptées.]
Celle-ci est auj. une caserne.

Le frère de St Donat fonda à Létablis Romain-Moutier.
[Elle est consacrée par pape Étienne II. Devient Cluny.]

Bèze.
Cusance.
St Ursanne, à Bâle.
St Germain de Grandval.

St Vandrille et reine Bathilde.
Ses amis sont : archevêque Ouen et ... Sinnèges (?)
St Phi. fonda encore Noirmoutier en Poitou et Montivilliers de Caux pour femmes.

Trois frères bénis par Colomban.
1° Ado — Jouarre
2° Rado — Reuil (Radolium)
3° Dadon, c'est Ouen (Audoenus), évêque de Rouen.
Fondateur de Rebais, dont l'abbé est St Agile de Luxeuil.

Ste Fare, de Meaux, a été béni par St Col. Elle fonda Faremoutier ou ?
L'Irlandais, St Fursy : Lagny-sur-Marne
St Frobert : Moutier-la-Celle, près Troyes.
Berchaire : Hautvillers et Moutier-en-Der.
Ste Salaberge à Laon.

Luxeuil maritime à Leuconaus, à l'embouchure de Somme
C'est St Valéry. Ses reliques furent translatées par Richard-Cœur-de-Lion à St Valéry-en-Caux.

(一)

"建筑是石头的史书"，"建筑是艺术的最高峰"。十九世纪，这两句话在那时纪流行，已经很难确凿地说是哪位聪明人先说出来的了。总之，十九世纪，欧洲人已经认识了建筑在人类文化中的地位了。

建筑在文化中的地位，决定于它的性质、作用和它达到的高度、技术的和艺术的高度。它不单纯是所谓"它是Monument"，它还是它的性质。

从黄土地上的窑洞、到小女孩温馨的闺房、到豪华的宫殿、到金字塔、到敦煌、万神庙、到万里长城，建筑性质的多样和变化的跨度之大，包容了整个的人类文化。人类没有第二种作品，有建筑这样的气魄，丰富、豪华、精致，有性格，有感情。

建筑是人类历史的文化载体，它①纪录着人类所创造并享用的一切，真实、生动、准确地纪录着人类文明的发展历程和成就

陈志华文集

【卷十】

意大利古建筑散记

陈志华　著

商务印书馆
创于1897　The Commercial Press

编辑委员会

（按姓氏拼音排序）

杜　非　　黄永松　　赖德霖　　李玉祥　　罗德胤

舒　楠　　王贵祥　　王明贤　　王瑞智

责任编辑

杜　非　　庄昳泱　　曹金羽

出版说明

1981年冬到1982年夏，陈志华教授在意大利研究考察，回国后撰写了这本"散记"，为国内读者介绍意大利历史名城和文物建筑保护的理论、实践、普通民众的认识，以及自己的感悟。

1996年，本书作为杨永生主编的"建筑文库"中的一册，由中国建筑工业出版社出版。2003年，由王瑞智收入"花生文库"，在安徽教育出版社再版。2017年，人民文学出版社出版了四色增订版。受陈志华教授本人授权，本版作为第十卷，收入《陈志华文集》，由商务印书馆出版。书中所用图片均由王瑞智提供。

商务印书馆编辑部
2021年6月

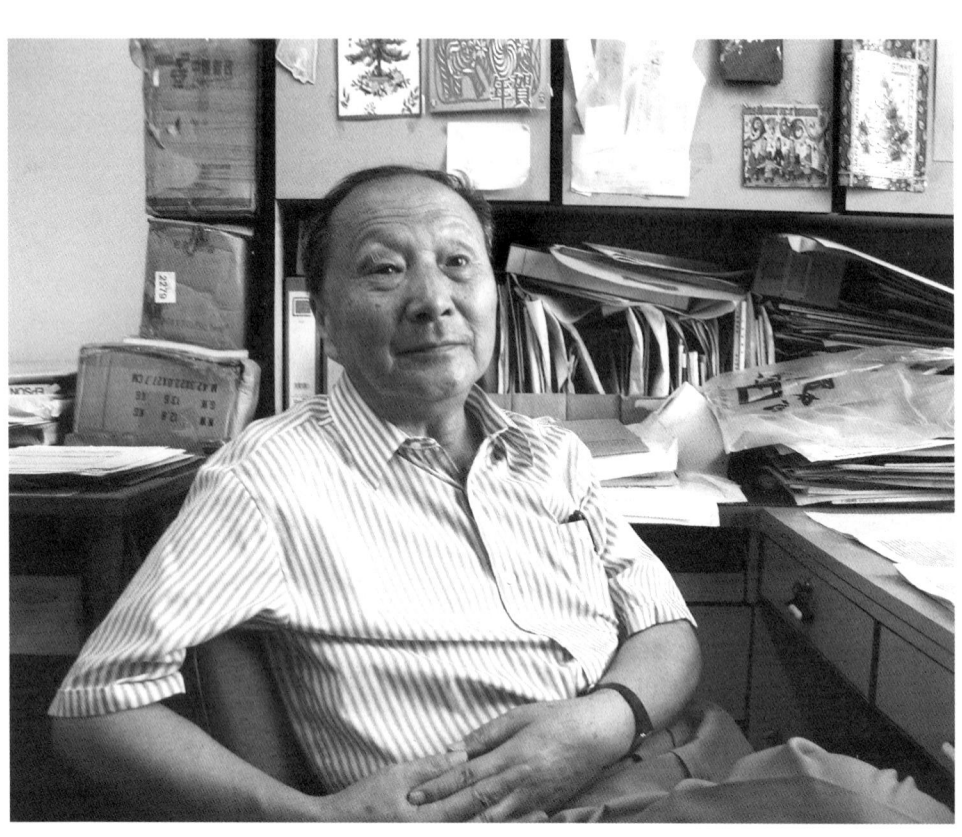

目 录

初版题记 / 1
修订版题记 / 4

第一篇 罗马

（一）/ 9
（二）/ 16
（三）/ 28
（四）/ 37
（五）/ 44
（六）/ 52

第二篇

（一）那不勒斯 / 61
（二）厄尔古兰诺　庞贝 / 71
（三）巴伊阿　波朐奥里　彼斯顿 / 76
（四）奥斯提亚 / 83

第三篇

（一）比萨　路加 / 93

（二）佛罗伦萨 / 103

（三）锡耶纳 / 120

（四）奥维埃多 / 126

（五）莱米尼　拉温纳　圣玛力诺 / 131

第四篇

（一）费拉拉 / 145

（二）邦波莎　麦索拉　高马乔　维晋寨 / 151

（三）威尼斯 / 163

（四）巴德瓦 / 175

（五）维罗纳 / 184

（六）曼都亚 / 193

初版题记

从1981年冬到1982年夏，我在罗马城住了多半年。我是到国际文物保护研究所去"参与"文物建筑保护研究班的。这期间不断出游，访问了意大利的许多历史文化名城。

在我到过的国家里，文物建筑，当然数意大利为第一，数量多，质量高。自古希腊以来欧洲建筑发展的所有阶段，都在意大利留下了一批代表性建筑物。意大利又是保护文物建筑最领先的国家。不但决心大，不惜代价，而且形成了成熟的科学和理论，对世界的贡献很大。意大利丰富的文物建筑是重要的财源，旅游业的收入快要赶上工业的收入了，然而在那里看不到"开发"祖宗遗产，靠几千年文化积累诈人腰包的贪婪和愚昧。相反，他们是以文明的态度创造性地保护和阐释文物建筑的多方面价值，从而吸引了世界各地的"朝圣者"。他们发的不是单纯的"祖荫"财，我看到了他们的远见卓识、他们的勤劳智慧，也看到了他们在许多方面做出的牺牲。文物保护，在那里不是社会精英孤独的呼吁，不是政府部门专断的措施，更不是投资者为谋取高额利润而挂起来的"文化"幌子。文物保护，在意大利是一种民族自觉，一种人民素质，已经融入风尚习俗中去了。他们根本不能想象，怎么可以为了修马路、造新房，为了赚钱，为了吸引外资，去拆掉文物建筑或者旧市中心，那里有他们的历史记忆，有他们的感情寄托，有他们的人格尊严。

半年多的时间，我沉浸在意大利无比丰厚的文化积累里。当我摩挲着巴拉丁山（Palatine）上七零八落模糊难辨的废墟时，当我徜徉在阿庇亚大道（Via Appia）残破不堪的遗迹上时，我心中充满了对意大利人的感谢之忱。罗马、那不勒斯（Naples）、威尼斯、锡耶纳（Siena）等一大批历史文化名城里，古老市区的拥挤、破烂、败落和种种不卫生、不方便，使我非常吃惊。我不知道那里的居民怎样忍受那种环境里的生活，更不知道有什么办法能改善那里的环境。但是意大利人拿定主意要保存这些旧市区，留给世界，留给后代。在能力暂时不足以使居民们都过上现代化生活的时候，他们愿意等待。

意大利人并非没有才华，他们自诩是世界上最善于做形式设计的民族。意大利人并非不热爱生活，他们钟情于各种精神的和感官的享受。但他们为了文化事业，义无反顾地承担了艰巨的历史重任，甘愿牺牲一些眼前利益。我被深深地感动了，因而改变了我过去的一些想法。

回来之后，很想把所见所闻介绍给我们这个也有不少文化积累的国家。但是没有什么机会。积习难改，就写了几万字的"散记"。写的时候，根本没有想发表，因为它既不是学术性的著作，又不是文学性的游记，而我们刊物的专业"分工"十分明确，没有"蝙蝠"的寄身之处。所以，写起来漫不经心，连必要的案头工作都没有做。简简单单，文字也未加修饰。当然，写完之后就扔在抽屉里了。

十几年过去了，日前为了撤掉一张书桌，偶然把它翻了出来。"出土"之后，重新草草看了一遍，想起我们当前文物建筑和历史文化名城的遭遇，心里不免沉痛。一些无知而又蛮横的"建设"拍板者，一些利欲熏心的城市"开发"者，一些眼见文化陵替而漠然无动于衷的修身养性者，以及一些为了洋钱可以无所顾忌地出卖一切者，他们正天天破坏着我们珍贵的文化遗产。我想，我写的"散记"，虽然水平不高，但还值得给关心文化事业的人看看。

于是，我冒昧地把它交给了中国建筑工业出版社。初意不过是想在《建筑师》杂志上摘要刊载一部分，不料，"建筑文库"主编杨永生先生和出版社领导却愿意出一本小册子。这很使我感动，毕竟我们还有些有志于文化事业的人。

由于写作时心绪不佳，下功夫不够，这些散记的体例不一致、着眼点不一致、详略不一致，甚至文笔也不一致。总之，失之于散，失之于浅，视野不开阔。但是，振作起精神来，重写一遍，当然是不可能了，于是，就只好这样出版。但愿以后有人再认真写一写。

有几个重要的城市，我去了，却不知为什么当时没有写，如彼鲁迦（Perugia）、蒂伏里（Tivoli）、巴勒斯特里纳（Balestrino）等，它们都很重要。尤其不该不写的是波仑亚（Bologna），那个城市的历史中心面积很大，保护得最好，因为那个城市的议会和官员们几十年来坚定而巧妙地与房地产投资商进行了有效的斗争。不遏制房地产投资者，要保护城市里的文物建筑和历史文化中心就很难，如果官员们再为虎作伥，那么，一切都完了，什么"夺回古城风貌"都不过是不切实际的滑稽口号。我当时没有写波仑亚，很可能是因为觉得它的经验值得专门着重写一写。好在我手头还有些旧的和新的材料，待有了情绪再好好介绍一番罢。

中国人在中国办中国的事情，中国特色当然是避免不了的。但又有哪一个国家没有自己的特色呢？意大利就是一个很有特色的国家，法国、英国、德国、南斯拉夫、俄罗斯，都有。所以，"特色"不能成为拒绝汲取外国经验的借口，重要的是用开放的心态去认真研究世界上一切先进的、有用的经验，科学没有国界。同时还要小心，免得在弘扬传统文化时把封建糟粕掺和进来。比如，前些年，有人论证"中国式的"文物建筑保护，就主张继承"善男信女"重建庙宇的"传统"。

在我们这个国家，做理论工作的不能不时时警惕封建糟粕的危害。

陈志华

1995年5月于清华园

修订版题记

这本书曾经在1996年出版过,作为杨永生先生主编的"建筑文库"中的一册。那是很不起眼的一本小册子,没有什么卖相,但看的人倒不算少,有些朋友到意大利之前先买它一本,带着,据说有点儿帮助。

2003年年初,"花生文库"的王瑞智先生相中了它,决心把它再出一版。这几年,他和我一样,眼看着我们国家大量无比珍贵的历史文化遗产被急功近利的长官和利欲熏心的开发商在极短的时间里毁灭,心疼得要命。情急加上无奈,只好再一次求助于我们其实早已不再相信的老话"知识就是力量",希望这本小书能够把当今世界上先进的关于文物建筑保护的理念传达给更多的人,期望人们能接受一种非功利的文化精神,从而起来保护我们的历史文物。

我们决定把这一版做得比初版更有说服力,于是有两方面的改进,第一是增加我的一篇文章,原来收在我编译的《保护文物建筑和历史地段的国际文献》(博远出版有限公司,台北,1992)里的,叫作《欧洲文物建筑保护的几个流派》,[①]用意在说明保护文物建筑绝不是一般的修缮旧房子,它有深刻的、系统的理论和相应的原则,这些理论和原则是许多国家的学者和专业人士在长期的探索中形成的,直到上个世纪后半叶才逐渐完善成熟。而把保护文物建筑等同于修缮一般的房子,则是

---

① 收入《北窗集》。

我们的许多文物建筑遭到破坏的重要的原因之一。第二是增加大量的图片，给读者一些感性的认识，由王瑞智负责去做。他还把工作扩大到绘制地图、编译名对照和编制建筑物年表上。这项工作难度很大，尤其是收集图片。他不想只有一些大家早就看熟了的"标准像"，千方百计去寻找古画、老照片、航拍片等，历史地、多角度地去展示意大利那些历史遗产的价值，从而打动我国读者的心。虽然这样做会提高书的价格，损失一点儿普及性，冒一点儿经济风险，但是同时也提高了书的品位，从而让读者领悟保护文物建筑这件事的严肃和庄重，产生使命感。

这本书的工作大部分是在"非典"时期做的。王瑞智骑着一辆破自行车到处跑，从意大利大使馆的文化处到五道口和北京大学校园里卖旧书的地摊，都一次又一次地去找。找到了一些，便如获至宝，拿来给我看。那时候，我居住的小区采取了严密的保护措施，外人不能进来，我就到小区门外去会他，两个人坐在马路牙子上，一张一张欣赏那些图片，决定取舍。好在那两个多月，正是北京天气最舒适的时候，太阳不毒，风也不大。可惜汽车多，来来往往扬我们一身的土。王瑞智后来说，那段时间，除了往我住的小区跑，就是待在蔚秀园的小院子里编书，给外地躲"非典"的亲友打打电话，过得倒也很快乐。

等到图片编定，"非典"也过去了。制止"非典"，靠的是科学，是政府的组织工作、专业人员的奉献精神和大家的齐心协力。我们想，保护好历史文化遗产，同样要依靠这几种力量，我们弄出这本书来，就是为了希望对这件工作做点儿平民百姓的贡献。

在本书的编辑过程中，得到了意大利驻华使馆文化参赞萨巴蒂尼先生、驻华使馆文化处梅礼小姐、中国国际广播电台的加博列拉·唐云小姐的帮助，在此表示感谢；同时还要感谢安徽教育出版社的曹露明先生、包云鸠先生。

陈志华

2003年7月

第一篇 罗马

　　罗马是意大利的中心。
　　罗马城初建于公元前 8 世纪。两千八百多年历史中，各个时代都留下了它的建筑古迹。可以说，整个罗马城就是由文物建筑累积而成的。这些古迹风雨斑驳，有些已经是废墟。它们给现代化的城市建设带来很多困难，但意大利人没有把它们当作"包袱"，一拆了之，好在"一张白纸"上画"最新最美的图画"。为了发展人类的文化，为了丰富未来人们的精神世界，提高他们的生活品位，意大利人甘愿担负起保护这些历史文化遗产的责任，不惜付出沉重的代价。在保护这些遗产的工作中，他们一丝不苟，为文物建筑保护的理论建设和实际操作方法的探索做出了巨大贡献。因此，罗马城就成了全世界文物建筑保护最好的课堂。
　　终于，意大利人从旅游业的发达得到回报。但他们真诚地说：我们是为了文化而珍重历史遗产的，不是为了卖钱才珍重它们。看了他们所做的一切，我们不得不相信他们的话。这是我们从罗马学到的最重要的一课。

罗马城区地图

罗马周边地图

（一）

　　意大利遍地是文物建筑，或者不如说，整个意大利就是一件大文物。
　　历史的原因加上地理的原因，好多支重要的文化到意大利来演出过。最早有伊达拉里亚人（Etruscan）和希腊人，古罗马人把这两支文化发展到了辉煌的高峰。中世纪，北部有拜占庭文化和哥特文化的舞台，南部则有阿拉伯文化的舞台，但舞台演出的都是意大利本土的戏剧。文艺复兴时期和巴洛克时期，意大利的文化又一次登上辉煌的高峰，而且与法兰西文化发生了频繁的交流。这些文化在意大利半岛留下的，都是它们自己的第一流作品。
　　几乎每一座意大利城市，都有古色古香的历史中心，那简直是文物建筑的堆积。中世纪的钟塔挨着文艺复兴的府邸，巴洛克的教堂对着古罗马的剧场。你上街买菜，市场就在大公爵府东边、但丁（Dante Alighieri，1265—1321）像的前面；你上街寄信，邮局就在帕拉第奥（Andrea Palladio，1508—1580）设计的府邸里；下雨了，推开一座小小教堂的门，进去避一下，一看，墙上是乔托（Giotto di Bondone，1266—1337）的壁画，祭坛上有唐纳泰罗（Donatello，1386—1466）的浮雕。
　　村庄也是这样。文艺复兴时代教堂的穹顶和钟塔是它们的标志。曲曲折折的小巷不断地穿过券洞，两侧总有些中世纪的石头房子，墙缝里长着小树。阳台上细巧的栏杆，虽然已经破旧，却能告诉你它是什么式样，属于哪个年代。村后的山坡上，有巴洛克的花园别墅，村前的山脚下，有伊达拉里亚人的墓葬。一条古罗马的大路从旁边经过，大石板上刻着深深的车辙。

海边，渔村造在古罗马的船埠码头上；山顶，橄榄林围着的是法国人的堡垒和拜占庭的修道院。

要是说，站在意大利的任何一个地方，一眼望去，都可以见到文物建筑，这话可不算夸大。

因此，意大利是一所最丰富的文化博物馆。它地方不大，但是在任何一本欧洲文化史里，它都要占一多半篇幅。

这所博物馆的中央大厅是罗马城。

罗马城从公元前8世纪中叶诞生，到现在有两千八百年的历史了。它是古代最强大的罗马帝国的首都，从公元前1世纪到4世纪初，罗马帝国极盛的五百年间，罗马城的人口一度超过一百万。空前富庶和繁荣化成了无数大理石的建筑物，能容二十五万人的跑马场、八万人的角斗场、三至五万人的剧场等。光是能供一千人以上同时使用的浴场就有十一个，中小型的有八百多个。那时候罗马城号称"永恒的城市"。罗马帝国灭亡之后，从6世纪起，它一直是天主教的首都，天主教传布到哪里，哪里的财富就源源运到罗马城来。16和17世纪，盛期的文艺复兴和巴洛克艺术受到教皇的庇护，在这里达到灿烂的高峰。1870年，新统一的意大利国家在罗马建都，教皇仍然保留了它西部的梵蒂冈。所以，罗马城实际上是个双重首都。

有这样光辉的历史和文化背景，罗马城文物之丰富，远远不是世界上任何别的城市所能比的。在它大约一千公顷的历史中心区里，问题常常不是要鉴定哪一座建筑物是文物应该保护，相反，倒是常常要舍得确定哪一座建筑物可以不算作文物。从巴拉丁山上新石器时代小屋的遗址，到伊达拉里亚王朝城墙的残迹，古罗马帝国的宏大壮丽的公共建筑物和庙宇，中世纪质朴的教堂和钟塔，文艺复兴庄重的府邸，巴洛克精巧的喷泉，洛可可（Rococo）诡谲的广场，19世纪古典主义的纪念碑和后来的政府各部门办公大厦，甚至20世纪30年代法西斯统治下的新古典主义公共建筑物，都代表着欧洲建筑发展的各个重要历史阶段，都是那个时期历史的实物见证。就是19世纪末年以来大量的居住建筑，模仿文艺复兴府邸的式样，也都比例稳妥，色彩鲜明，很有价值。

我住在罗马泰伯河（Tiber）右岸的新市区，那里在古代是城外，恺撒大帝的田庄。我住的胡同不长，南口有一对教堂把着，东边的是巴洛克的，西边的是早期基督教的。它们的斜对过是大诗人但丁的旧居，我每天就在它门前上下电车。从但丁故居往南走，不远就是古罗马的城岛，还有半截古代的石拱桥横在河中央。桥那边是古代罗马国家的发源地，巴拉丁山，山头上有一圈郁郁葱葱的树木，包围着从奥古斯都大帝（Augustus，公元前27—14在位）以后许多皇宫的断壁残垣，不用太仔细看便能领略到它们当年的辉煌。

从我的住处往北拐，是一座圣玛丽亚教堂（Santa Maria in Trastevere，337—352，17世纪重修），它可能是罗马最早被正式承认的基督教堂。循教堂背后的石级登甲尼可洛山（Gianicolo/ Janiculum Hill），半山腰上一座教堂的修道院里，是盛期文艺复兴建筑的第一个代表作——伯拉孟特（Donato Bramante，1444—1514）设计的坦比哀多（Tempietto，1502—1510 / 1499—1502）。再往上走是巴洛克的保罗喷泉（Fontana Paola，17世纪）。山顶上可以眺望整个罗马城，只见浓绿的树林和赭红色的房舍中间，一座座饱满的穹顶勾画出跳动的轮廓线。碧蓝的天空下，隐隐可以见到远处的雪山闪着白光。文艺复兴时期的诗人塔索（Torquato Tasso，1544—1595），死前就来到这里向人生诀别。现在这里是加里波第广场。解放意大利的英雄、革命家加里波第（Giuseppe Garibaldi，1807—1882）和他的文武双全的西班牙籍夫人安尼妲（Anita Garibaldi）各有一座骑马铜像。加里波第像的座上刻着他的名言"不得罗马，决不生还"；夫人像的座上刻的是："我来了，而且我站在这里。"翻下山坡，有一座文艺复兴的花园，兰特别墅（Villa Lante）。我每礼拜天到梵蒂冈圣彼得大

（一）

教堂（San Pietro）去，都喜欢翻越这座小山。那是一份丰盛的文化享受。

不但地面上有数不清的文物建筑，地面下还埋着几层。有一些是本来就造在地下的，比如大量的陵墓和个别的教堂。圣彼得大教堂下面就有一个公元1世纪的墓葬群，一座墓是一所三合院住宅，比真的只略小一点，它们组成几条街道，可以说是古代居住区的模型。另一些在古代就被新房子压在底下，例如尼禄（Nero，54—68在位）一把火烧掉了旧罗马城之后，把他的皇宫造在旧皇宫之上，图拉真（Trajan，98—117在位）又把他的浴场造在尼禄皇宫上，甚至用拱顶盖住它的院落，以至奥比欧山坡（Oppian Hill）上尼禄皇宫一组金碧辉煌的大殿，现在成了地下宫。中世纪的教堂也很喜欢造在古罗马晚期教堂的废墟上面。有些中世纪的教堂把古罗马建筑当作它的地下墓室或者举行宗教秘仪的大厅，规模很大，还保存着古代的壁画和雕刻。更多的是因为罗马城现在的地面已经比古代平均高了五米，在这五米里埋藏着两千年的文化沉积。罗马城现有的地下铁道有很大一部分穿过这个文化层，破坏了不少遗迹。例如，开挖火车总站底下的地铁站时，就发现了古代城墙、住宅和公共浴室。在罗马一些冷僻的绿地里，可以见到铁栏杆围着大堆的大理石柱子、檐部、雕像和花盆之类的装饰品的残块，其中许多是造地铁时挖出来的。为了避免破坏地下的古代遗址，已经决定，以后的地下铁道要加深两倍。

一个星期天，我跟美国女教师珍妮漫步山冈间，在一个山坡上看见一大堆破损的古代大理石像，那些断肢残骸那么健壮，那么美丽，仿佛温暖的血还在里面流动。珍妮激动起来。大声地喊："意大利人太富有了，太富有了。"不久之后，我跟德国小伙子马丁在郊外古罗马的阿庇亚大道上散步，两边本来密密地排列着各式各样的陵墓，现在还有一些很完整的大理石像站在老松树下。马丁也激动起来，也同样大声地喊："这些应该进博物馆的，意大利人太富有了，太富有了！"

又有一天，坐在波波洛广场（Piazza del Popolo）边树荫下的咖啡座坦比哀多,盛期文艺复兴建筑的第一个代表作,伯拉孟特设计。

上,我对罗马大学的建筑史教授玛丽娜说:"到意大利来之前,我看过不少书,对罗马的壮丽多少也有些了解,但是,一到罗马,仍然大吃一惊,感到意外,尤其是古罗马建筑,那角斗场(Colosseum,75—80)、那浴场、那万神庙(Pantheon,120—124)、宫殿和广场等,都大大超出我的想象。"我问,"为什么两千年前的古罗马有那么大的建设智慧和能力?"

她咯咯地笑了起来,说:"许多外国朋友都对我说过同样的话,问过同样的问题。初来罗马的人,不这样说,不这样问,大约是没有的罢。不过,老实说,我这个搞了一辈子建筑史的意大利人,也还要这么说,这么问。古罗马建设的宏大规模,到现在还没有完全弄清楚。每一

(一)

登上一百二三十米高的圣彼得大教堂的穹顶，坐在小亭子里俯瞰着罗马城，回忆那一处处的文物古迹。

块地方往下挖，都能发现古遗址，而且都又大又精又华丽。谁知道还有多少？不能想象，太不能想象了。"

　　地上地下，城里城外，那么多的建筑文物，我经常在外面疯跑，半年多了，仍然是看不过来。快要回来了，我最后一次登上一百二三十米高的圣彼得大教堂的穹顶，坐在小亭子里俯瞰着罗马城，回忆那一处处的文物古迹，满心的怅惘。要离开它们，那是很不容易的。我默默思考着：意大利人，自古以来富有创新精神，古希腊文化那么灿烂辉煌，古罗马人继承了它，但他们又以极大的勇气突破了它，超越了它。文艺复兴、巴洛克、古典主义，意大利人都开风气之先，领导了欧洲潮流。即使中世纪，意大利的罗曼建筑和哥特建筑，在欧洲也是独树一帜，而且达到很高的水平。意大利北部的拜占庭建筑和南部的伊斯兰式建筑，也都个性极其鲜明。到了现代，是意大利人首先发出了未来主义宣言，那些大胆的奇想，曾经大大地活跃了20世纪上半叶欧洲的创造精神。在现代建筑运动中，意大利人始终是最活跃的一分子。没有突破和创新，文化是可怜贫乏的。但是，如果一代一代都不珍重前人成果的积累，那么，文化也是贫乏的。一方面创造自己一代的新文化，同时又爱惜历代的文化遗产，世界的文化才会越来越丰富、厚重，越多色彩。意大利之所以成了世界的博物馆，就是因为它既创造，又积累，这才对人类做出了巨大的贡献。

我的一些意大利朋友，都满怀着对罗马城的热爱和自豪。罗马大学东方文化中心的鲁奇迪教授常常邀请我一起吃饭。每次见面，她都要问我，这几天到哪里去了，看了些什么。我说完之后，她总要再三追问："你觉得美吗？"我说美，她就长吁一口气，闭上眼睛，向后倒在椅背上，说："呀！美丽的罗马，美丽的罗马！"我离开罗马的前几天，她特地在古罗马的拉丁大道（Via Latina）边上，老松树林深处一家中世纪农舍模样的饭馆里，请我吃了一顿十分精致的晚餐。吃完之后，鲁奇迪又盯住我问："你觉得罗马美吗？你愿意再来吗？"我又一次回答，而且带着深沉的感情："罗马很美，我希望再来！"她高兴得紧紧搂住我，狠狠亲了几口，说："你真是个好人，我喜欢你！"泪水沾到了我的脸上，这是意大利人为他们祖国文化的光辉灿烂而自豪的泪水。

这样的城市，这样的人，真叫人留恋。走下圣彼得大教堂，我来到了特列维喷泉（Fontana di Trevi，1762完成）。罗马人有一个美丽的传说，一个即将离开罗马的人，只要背对这喷泉，向后抛一枚硬币到水池里，他就会有机会再来罗马。我掏出了口袋里全部硬币，抛了进去，屏住呼吸听着硬币落水的叮咚声，我也流泪了，我多么希望能再来呀！

（二）

意大利无比丰富的文化遗产，从世界各地吸引来大批的观光客，四季不断。

我很喜欢看这些观光客。年长的人们，在古罗马集会场的废墟里慢慢徘徊，仔细辨认残碣上快要湮灭的铭文，并且互相致意，用各种语言试探对方的国籍，如果语言相通，就聊上一阵。年轻人大多背着旅行袋，成群结队跑来跑去，脸上晒得通红，一层层地脱皮。一个人捧着导游书大声朗诵，其他的默默跟着，一边听，一边东张西望。他们在花市广场（Campo de' Fiori）上，念着布鲁诺（Giordano Bruno, 1548—1600）纪念像石座上的铭文："火刑柱就在这里"，神情庄重肃穆。最有趣的是小学生，胸前挂着一片硬纸牌，写上国籍、姓名、住址和学校名称，在壮丽的古罗马庙宇的柱廊下，听老师说："我给你们讲过，奥古斯都大帝夸耀：我得到的是砖造的罗马，留下来的是大理石的罗马。"老师们很辛苦，浑身挂满了各式各样的挎包，过马路的时候，把孩子们一个个背着、抱着、夹在胳肢窝下。每当遇到这种场景，我都要站住，看他们全部过完马路，心里浮起自己小时候老师们一张张慈祥的脸。

旅游者把历史文物当作教材，学习了欧洲的历史，学习了艺术和建筑，他们在意大利吃、住、交通，给意大利带来了大量的旅游业收入，文物的文化教育效用产生了经济效益，并不用处处设卡卖票。

不过，意大利人，跟全欧洲的人们一样，真正认识文物建筑的意义，还是晚近的事，在这之前，两千年来，破坏多于保护。而19世纪到20世纪初年，保护又不得法，往往等于破坏。现在看到的文物建筑，虽然数量还很大，毕竟只是历经千难万劫幸存下来的一小部分，而且大多满目疮痍，带着破坏的痕迹。

我曾经多次真诚地对意大利的朋友们说，要好好学习他们保护文物建筑

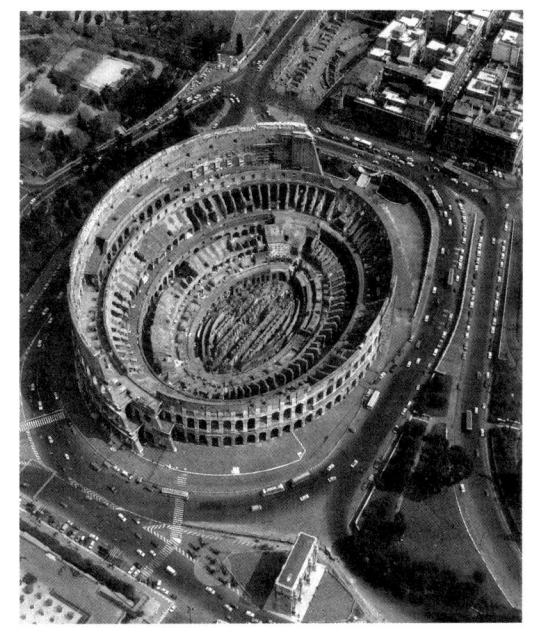

大角斗场，全世界熟悉的罗马名片："只要大角斗场屹立着，罗马就屹立着；大角斗场颓圮了，罗马就颓圮了；一旦罗马颓圮了，世界就会颓圮。"

的经验。他们都非常遗憾地告诉我，还不如汲取他们破坏文物建筑的教训好。罗马大学的鲁奇迪教授介绍我看一本书，法国人写的，叫《文物建筑破坏史》。我看完之后，她问我有什么感想，我说："触目惊心。"她说："对了，反面的震动往往比正面的宣传更有力量。我们也是损失了许许多多宝贝之后才醒悟过来的。"这本书的出版曾经唤醒全欧洲人们的文物建筑保护意识，大大推动了文物建筑保护事业。

古罗马帝国无数宏伟壮丽的建筑物，都用天然火山灰混凝土建造，加上大块的凝灰岩和大理石，本来十分耐久。中世纪一位朝圣者说："只要大角斗场屹立着，罗马就屹立着；大角斗场颓圮了，罗马就颓圮了；一旦罗马颓圮了，世界就会颓圮。"他把古罗马雄伟的建筑和世界的命运联系起来了。在他看来，帝国是永恒的，不会灭亡，所以角斗场永远不会倒塌。

我抚摸着凯旋门、角斗场和万神庙，它们那么厚实、坚固和稳定，我相信古罗马人对这些建筑物的自豪大体是正确的。但它们毕竟是少数残余了。我到罗马南郊的新城去参观罗马城历史博物馆，那里有一个很大的古罗马城模型，对着它，努力想象那世界帝国首都当年的壮观伟丽，心情激动不已。难道铜驼荆棘，千古兴废，是不能逃脱的轮回？

破坏都是人为的。中世纪的时候，许多古罗马的建筑物被拆掉去造天主教堂。罗马城里现在还有不少早期的教堂，拆来的柱子，大小、粗细和式样都不相同，只把高矮截齐就凑合到一块儿了。市中心的集会广场群和一些剧场，连大角斗场在内，成了贫民窟，房子虽然破烂，材料倒挺讲究，用的都是古建筑上的大理石，有的还带着雕刻。

文艺复兴时代的建筑师又不爱惜中世纪的教堂，到需要修理的时候，就按照当时的式样去改造它们，或者干脆推倒重来。所以，虽然中世纪有一千年的历史，现在罗马城里已经找不到一座地地道道纯正的中世纪教堂了。16世纪、17世纪，教皇们和教会贵族们大规模建造教堂和府邸，所用的材料又大多从古罗马建筑上拆来。大角斗场、卡拉卡拉浴场（Thermae of Caracalla，211—217）、帝国广场（Imperial Fora）群的公共建筑物和庙宇，都成了采石场。它们就是这样被毁掉了的。1519年，兼任罗马文物建筑总监的拉斐尔（Raphael/Raffaello Sanzio，1483—1520）给教皇利奥十世（Pope Leo X，1513—1521在位）写了一封信，大骂教皇们的野蛮行为。他说："……有许多教皇……恣意破坏和歪曲古代庙宇、雕像、凯旋门和其他建筑物……很多教皇仅仅为了弄到石灰，就去挖掘墙脚，于是建筑物很快就倒塌了。多少古代雕像和其他装饰品为烧制石灰而糟蹋了。我敢说：整个新罗马，我们现在所见的一切，装饰得华丽宏伟的宫殿、教堂和其他建筑物，它们所用的石灰，都是古代大理石变的。"想起我在罗马城所见到的，我不能不怀着深深的惋惜：有多少美好的东西被毁灭掉了。

建设罗马最起劲的是巴洛克时期的教皇乌尔班八世（Pope Urban VIII，1623—1644在位）。他为了造圣彼得大教堂祭坛上的华盖，拆走了万神庙门廊里的鎏金铜质天花和大梁；为了造自己的府邸，拆走了角斗场和卡拉卡拉浴场大批的石头。乌尔班八世姓巴巴里尼（Barberini），意大利人把灭亡古罗马并大肆破坏罗马城的野蛮人叫巴巴里安（Barbarian），所以当时流行一句挖苦话，说："巴巴里安没有做的事，巴巴里尼做了。"

这样的破坏一直继续到18世纪中叶。1749年教皇才下令禁止再拆大角斗场。但是，另一种破坏却开始了。统一的意大利国家在19世纪下半叶成立，19世纪末，为了造国王维多利欧·艾玛努勒二世（Vittorio Emmanuel II，死于1878）的纪念碑（Vittoriano，1885—1911），拆掉了卡比多山（Capitolium）北峰上古罗马时代最重要的庙宇之一朱诺庙（Temple of Janus）的遗址和一座中世纪的修道院，拆掉了山脚下的古罗马住宅，还拆掉了山前文艺复兴早期的威尼斯府邸（Palazzo di Venezia，1455始建，完成于16世纪）的一个院子。纪念碑完全毁掉了北峰的悬崖，而这悬崖就是公元前390年高卢人围攻罗马时，发生"白鹅救罗马"故事的地方。这座纪念碑的规模、风格和色彩也跟古老的市中心的建筑环境格格不入。

最后一次重要的破坏是在墨索里尼的法西斯政权时期。墨索里尼为了他的政治需要，竭力突出古罗马帝国的大型文物建筑，而完全鄙弃以后各时期的遗物。他下令清除掉了大角斗场和马尔采拉剧场（Theatre of Marcellus，公元前44—前13）里以及集会广场群上所有中世纪和文艺复兴时期的建筑物，造成了历史的空白。但是这个法西斯头子，为了炫耀武力，要在他住的威尼斯府邸的阳台上检阅军队，所以，从大角斗场到威尼斯广场造了一条八百米长的很宽的马路，穿过刚刚挖掘出来的帝国广场群，又把它们百分之八十四的面积重新埋到路下。为了集结机械化部队，大角斗场周围的一些古代的小建筑物也被夷平了。卡比多山西北面大量中世纪和文艺复兴时期的住宅也拆除了，为的是给游行过来的军队让路。

所以，真正下功夫全面严格地保护文物建筑，其实不过是第二次世

建造维多利欧·艾玛努勒二世纪念碑（图中间偏下的巨大白色建筑物），拆掉了古罗马最重要的庙宇之一朱诺庙的遗址和古罗马住宅，完全毁掉了公元前390年高卢人围攻罗马时，发生"白鹅救罗马"故事的北峰悬崖。纪念碑的规模、风格和色彩也跟古老的市中心的建筑环境格格不入。后来，墨索里尼为了炫耀武力，要在他住的威尼斯府邸的阳台上检阅军队，从大角斗场到威尼斯广场造了一条八百米长的很宽的马路（图中左侧的那条大道），穿过刚刚挖掘出来的帝国广场群，又把它们百分之八十四的面积重新埋到路下。

界大战以后的事。

有一天，美术史家罗贝多陪我参观，站在维多利欧·艾玛努勒二世纪念碑前面，他指着威尼斯广场说："这里本来是公共汽车停车场，1981年，我们在报上大造舆论，现在改成了绿地，我们还要继续造舆论，在这里种上松树，跟纪念碑两侧的松树连成一片。"我问："那么，岂不是就把纪念碑挡住了？"他愤愤地回答："就是要挡住它，把它隔出去，那家伙太可恶了。"然后，他用无限怀念的心情，描述建造纪念碑之前这一带的情况。

痛定思痛，意大利人很爱护文物建筑，国家、学校、民间机构和私人，都把它们当作宝贝。跟欧美大多数国家一样，保护的对象越来越扩大。从20世纪60年代起，已经不但要保护纪念性建筑物，而且要保护一般的建筑物，要保护它们的环境，进一步保护城市和村庄的历史中心以及一些小城市和村庄的整体，现在，趋势是还要保护得更多。另一方面，是坚决地保护废墟，甚至散在各处的建筑物的几块残石。20世纪初年，新建筑运动早期各种探索性流派的作品，跟在其他欧美各国一样，都已经成了重要的文物建筑。

意大利政府在1892年第一次通过了保护古建筑的法律，以后陆续增加。例如，1939年规定了两千个保护区，其中就包括一些城市的历史中心；1968年制定了专门为保护城市历史中心的法律，把管理的权力从中央下放到地方；1971年的法律对城市历史中心区的再生工作提出了一些原则。不过，这项工作更多决定于城市当局的政策。做得最好的是北部的波仑亚城，那里的议会是共产党和社会党联合执政，因而对房地产投机的斗争最坚决。

1899至1890年，通过一项法律草案，规定在米兰的高等工业学院里讲授古建筑的研究、保护和修复的课程。1960年，罗马大学建筑系设立了古建筑保护的研究生院。1966年，在罗马设立了文物保护和修复研究国际中心，这是一个国际性的教学组织，简称伊克洛姆（ICCROM），是在联合国教科文组织支持下由几十个国家组成的，我就是在那里研习了

(二)

半年多。我们听报告，常常跟罗马大学的那些研究生一起。

意大利政府有文物保护部，还设立了文物修复研究所和全国文物普查登录所。只有专门的文物建筑保护师才有资格做保护工作。文物建筑保护师多是建筑师出身，不过要经过有资格的机构加以培训，学习一定的课程，才能得到专门的执照。伊克洛姆里从各国来参加研习的人，除了我和东德的马丁等少数几个之外，都是为了要得到一纸结业证书，回去好领执照当文物建筑保护师，因为这行业现在很热，而且前景很好。马丁已经在东柏林当文物建筑保护师，不过，有了伊克洛姆的结业证书，就比较容易弄一个博士学位，那很有好处。

罗马的整个旧城区是一件大文物，严格地保护起来。那里面有一大批古罗马时代最重要的建筑物和废墟，都像陈列品一样，只供人凭吊。还有一大批中世纪、文艺复兴时期和巴洛克时期的教堂、府邸、广场、喷泉之类，这些大部分都在使用，不过可以参观，连当作总统府的基里纳尔府邸（Palazzo del Quirinale, 1574）都可以参观。夹杂在罗马城里面的近代住宅、商业街道等也都一起保护下来，那些建筑物的质量也都很精致。

最叫我动心的，还是对城墙、输水道、道路和各种不知名的遗迹，甚至几块残石的保护。那才真正使人感觉到每一代人在文物保护上对祖先和子孙的庄严责任。

古罗马城有过两道完整的城墙，一道叫赛尔维墙（Servian Wall），是公元前378年造的，十一公里长，全用大块的凝灰岩砌成。另一道叫欧瑞里墙（Aurelian Wall），造于公元3世纪后半叶，长十九公里，有十八座门、三百八十一座碉楼，全是红砖砌的。赛尔维墙除了火车总站前面还有比较整齐的一段以外，其余只剩下了残迹。但所有的残迹，哪怕只有几块石头，不论在街道上还是居民区里，都精心保护着，围上小小一片草地。从火车总站到圣彼得大教堂去的纳齐奥那勒大街（Via Nazionale），在接近帝国广场的地方，有一个三角形小广场，好几条街道在这儿相交。就在这很小的广场中央，有十几块赛尔维墙的大石头，用花坛围着，尽管在交通高峰时刻，车辆在这里常常长时间堵塞，这几块石头仍然神圣不可侵犯。

我花了整整一天时间，沿欧瑞里墙走了一趟，它基本完整无缺，只有新辟的干道穿过的地方，开几个券门或者架上钢梁开一个大方口子。东北的彼阿门（Porta Pia），据说经过米开朗琪罗（Michelangelo Buonarroti，1475—1564）的改建，虽然一条最重要的干道在这里通过，也不动它分毫。交通在它两侧新开的券洞出入，把门前横过的环城路埋到隧道里，跟进出城门的路立交。在北部，城墙走在很繁华的意大利大街（Corso d'Italia）中线上，墙里半壁街，墙外半壁街，现代化的建筑跟古色古香的城墙相辉映，产生浓厚的历史情趣。凡在干道穿过城墙的口子前，意大利大街的车行道都沉入隧道，只在罗马东南部的圣保罗门（Porta S. Paolo）东侧，拆掉了几十米城墙，开辟了一个广场，因为城门外是火车站，好几条干道会交过来，实在不好办。城门初建于402年，经过修复，它前面的一座白大理石金字塔式的古罗马陵墓（Pyramid of Caius Cestius，墓主死于公元前12）仍然完好无恙。

顺欧瑞里墙走了一趟，很引起了一些朋友的兴趣，在一个极明媚的春天的假日，德国建筑师马丁自告奋勇，陪我去古罗马的阿庇亚大道。从第一次见面那天起，这小伙子就自认为有责任仔细照料我，对于我独自沿欧瑞里墙走了一趟，很觉得不安。

古罗马帝国大建驿道，尤其在意大利本土，驿道密布如网。现在乘火车或者汽车在田野上奔驰，还常常可以见到它们，铺着大块石板。古话说，条条道路通罗马，其中最重要的一条，是从卡普亚（Capua）直达罗马城中心广场的阿庇亚大道。这是自恺撒大帝以来，历次重大战役之后，军队凯旋，到中心广场去举行仪式的典礼性大路。接近中心广场的一段，已经改造成现代化的马路，而初进城门和城门外的，都还是原来的石板路，两千年前战车铁轮辗成的深深车辙也原样未动。在城里，它两边基本没有新建筑物，都是绿地，树木很茂盛。城外，大道边是古罗马的几百座坟墓，大大小小，虽然都已残破，但荒草间卧着断碑残

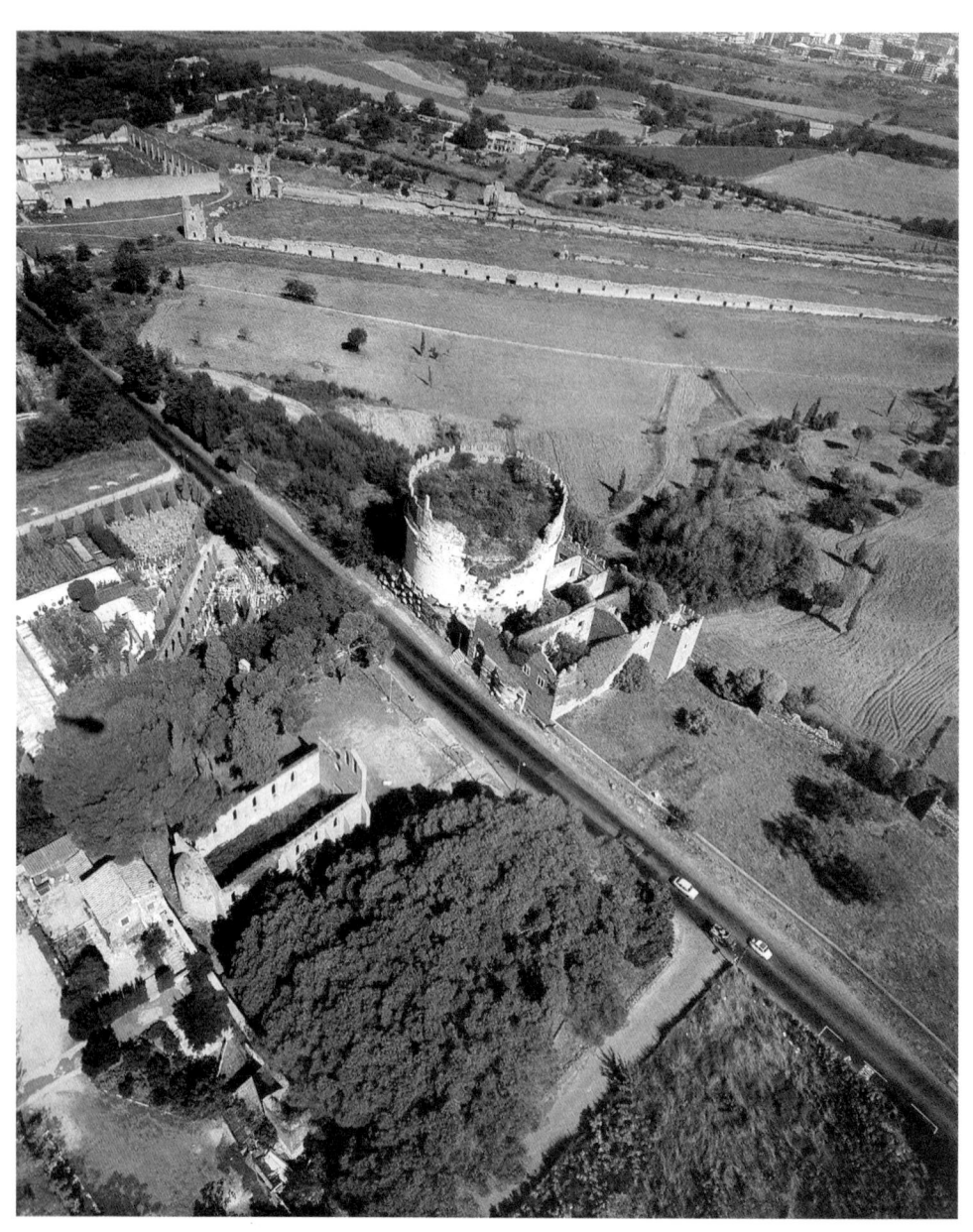

条条大路通罗马，阿庇亚大道鸟瞰，图中上方是马克辛奇赛车场，中间圆形建筑物是卡莎尔·洛东达圆形墓。

碣，还有一些精美的雕像，依然可以看出当年这条"墓街"高贵典雅的面貌。"墓街"以远，还有古罗马的别墅和公共建筑物的遗址，最重要的是马克辛奇赛车场（Circus of Maxentius），造于307年，长五百一十三米，宽九十一米，有两万八千个观众席位。这些遗址散布在一望无边的牧场中，只有绿草里缓缓移动的白羊跟它们做伴，意境悠远。在1967年的罗马城总规划中，阿庇亚大道两侧要建设大约两千五百公顷的国家公园，不再造房子，以保护它的历史环境。

马丁和我走了八公里，到卡莎尔·洛东达圆形墓（The Casal Rotondo / Tomb of Cecilia Metella，公元前后）回转。这时太阳已经到了头顶，四野一片明亮的碧绿，衬托出大道边上一棵棵深色的松树，它们俯仰转侧，做出各种奇姿怪态，树冠都很收敛，团团如盖。20世纪意大利著名音乐家奥多利诺·瑞斯菲基写过一首交响音乐诗，题目是《罗马的松树》，其中有一节就写阿庇亚大道的古松。我问马丁，这首音乐诗怎么样。他指着那些树说："你看它们的动作，准是迪斯科音乐。"我嫌他太亵渎了这充满思古幽情的环境，他不好意思，岔开话题，一指路右侧远处，说："你再看看它们。"那是克劳迪亚输水道（Aqueduct of Claudia，38—81），现在还保存着绵延几公里的一连串发券，断断续续的，像龙钟的老汉，前后相跟着，蹒跚地走向城里去。

一共有十一条输水道通向古罗马城，都架在高大的石砌发券上，有十几公里长的，有几十公里长的。古代的罗马城靠它们才养活了一百万人口。因为泰伯河河床低，而罗马城又造在七八个小山上，就地取水非常困难。就是这些输水道供应着罗马大量的浴场和喷泉。

输水道的片片断断在城里几乎到处可以见到，甚至有在人家院子里的。最叫我难忘的，是火车总站南边的那一段，大约有十来个发券；后面三个横断半条翁贝多街（Via Principe Umberto），尽端的一个立脚在街的正中央，来往车辆都向边上弯一弯，躲开它，而都不去触动它的分毫。

新的躲开古的，这是当今城市建设的一条原则。有一天，我从圣乔瓦尼医院门前经过，见到一座新楼，底层完全架空敞开，拐进去一看，银塔广场中央的大坑。里面有罗马共和时期的四座神庙的残迹,一溜儿排着,还剩十几棵半截柱子。其中两座是公元前4世纪的,是罗马城里已知的最古的庙宇。

原来地下有一个几米深的坑,坑里有古建筑的残迹。这显然是基础施工的时候发现的,新楼因此让出了底层不用。后来在别的地方,例如采斯底亚街上,也见到过这样的处理。

路边和广场上,这种坑更常见。最著名的大坑在万神庙不远的银塔广场(Piazza del Argentina)中央。坑里有罗马共和时期的四座神庙的残迹,一溜儿排着,还剩十几棵半截柱子。这是1926至1935年间发掘的。墨索里尼为了主办1942年的世界博览会,1938年打算在这广场造一幢当时欧洲最高的大旅馆。舆论界纷纷起来反对,旅馆终于没有造。这四座神庙里，有两座是公元前4世纪的，是罗马城里已知的最古的庙宇，价值很高。

受保护的遗迹不一定都有什么身份、很高的价值。罗马城里常常可以见到零零碎碎的几块石头、一小段残墙、不成样子的一堆火山灰混凝土，也都好好地保护着。火车总站的地下，有一个预售车票大厅，围着明晃晃的玻璃。一天，我从旁边走过，发现里面斜着一段红砖墙。走进去看，原来是挖地下厅的时候遇到的古建筑遗迹，没有弄掉，恭恭敬敬地留在大厅里了。残墙长约三米，高约一米。由于售票大厅的地面比残墙的底面还低，所以残墙下又砌了一段新砖墙把残墙托在半空里。

恭恭敬敬地保护古物，表现出现代意大利人很高的文化素养。那些零散的遗迹，既叫不出名字，也看不出样子，断砖烂瓦而已，并没有人去参观，当然没有什么经济效益。罗马人保护它们，几乎是一种风俗，一种习惯。他们并没有用破坏古物来表现自己的时代意识。但反过来，他们也绝不丧失时代意识，他们不会把新建筑搞成假古董，哪怕是在古建筑旁边造新建筑，也是一新到底。同时还能够保持新旧之间在尺度、构图、体积之间的协调。这比采用仿古的手法去求得新旧之间的协调，要难得多，也高明得多。意大利人自称是在造型设计上有天才的民族，大概是对的。

意大利的未来主义者在他们的《宣言》里诅咒一切古代遗迹，主张彻底横扫干净，非常热情也非常天真。毕竟是过于简单化了，并没有发生真正的作用。19世纪的折衷-复古主义者，在罗马城造了不少假冒的文艺复兴式住宅，倒是把真正的文艺复兴建筑淹没在赝品的海洋里，一般人都很难识别了。

（三）

　　意大利人很为他们的语言自豪，说它是世界上最富有音乐性的。不过，意大利人说起英语来可不大好懂，一个个音节嘎嘣脆，像弹出来的。有一天，意大利文物部的一位官员邦都阿勒给我们做报告，说，任何建筑物，只要一造起来，就是文物，就应该保护。这说法对我过于陌生，所以我以为，不是他的英语差，词不达意，就是我的英语差，听错了。

　　不久之后，我们到文物部的负责普查和登录文物建筑的机构去参观。先听人讲解如何应用电子计算机来做登录检索工作，我听不明白，坐在一边开小差。但是，另一个人的一句话使我大吃一惊。他说，他们打算建立一个三千人的队伍，用五十年时间把有五十年以上历史的建筑物，不论在城里还是乡下的，统统立档入册，当作文物。我脱口而出地问了一句：五十年后，今天造的建筑物又有五十年的历史了，那岂不是所有的建筑物都要保护了？他笑了一笑，说，是这样。不过近五十年的建筑，资料齐全，所以我们从五十年前的做起。这时候我才明白，原来邦都阿勒没有说错，我也没有听错，那意思挺认真的。

　　我的同伴们议论纷纷。他们来自二十一个国家，没有哪一个国家采取这样的做法。奥地利文物建筑保护师安德累阿斯说，他们国家的文物建筑保护工作倒是有这样的趋势。过去只保护19世纪末叶以前的，现在把现代建筑早期新艺术运动的作品也列入保护名单了。不过，无论如何，离把每一幢建筑物都登录立档，那还是差得老远老远的。

英国人福克纳对意大利的做法也大惑不解。他还说，在英国，文物建筑的普查立档，常常遇到老百姓的抵制。因为大量文物建筑是私产，虽然文物机构把它们列表入册，主人往往不顾这一套，仍然是要改就改，要拆就拆。文物机构拿了文物法去制止，主人就抬出宪法来打官司。宪法规定，私有财产权不可侵犯，这权利是完全的，就是说，主人要拆要改谁也管不着。文物法当然硬不过宪法，文物机构打官司总吃败仗。另一种情况是，老百姓听说什么时候文物机构要到某个地区来普查文物建筑了，就抢在前面把有点年头、有点特色的建筑物拆掉，免得入册后麻烦。福克纳问邦都阿勒，难道他们就没有这种困难？

邦都阿勒哈哈大笑，笑得岔了气，把烟斗呛出嘴来，砸在桌子上，赶快伸手去抓，碰翻了矿泉水瓶。乱过去之后，他说，几十年以前，意大利人也这样。这些年可不同了，他们比政府更关心保护文物建筑。什么人不爱惜文物建筑，就显得不文明，缺乏教养，因此不大体面。相反，谁家的房子被认定为文物建筑，那就很光荣。文物级别越高，就越光荣。所以，已经没有什么人会跟文物机构打官司了。

在我这个中国人看来，意大利政府是"民主无边"，一来二去就要倒台，一年倒两次台是常事，倒三次的事也发生过。但文物保护部门却是铁腕专制，管得很严。我在罗马住了多半年，差不多每个礼拜都能见到一次小型的罢工游行，为了加工资，为了争假期，为了什么福利待遇，都会打着旗子上街，但从来没有见到过为了抗议文物保护部门干涉他们对私有房产的处置权利的。

这种情况很叫我的伙伴们羡慕，听罢邦都阿勒的话，他们把嘴唇咂得一片响。造成这样的风气，主要靠老百姓里的积极分子。他们往往自动组织起来，业余研究他们所住的街上或者社区里的建筑历史。据说，工作做得比文物机构还细，研究成果有出版了的。有些建筑物，文物机构还没有定为文物，他们自己就定了，严格保护，大门边钉上铜牌子，刻上房子的建造年代和负责保护的建筑师的名字，这位建筑师必定是取

(三)

得了文物建筑保护资格的，城市规划部门也只好听他们的。

意大利各地都有正式的保护文物建筑的民间组织，工作很活跃。其中最大的是"我们的意大利"（Italia Nostra）。它是全国性的，成立于1955年，宗旨是宣传保护历史文化遗产和自然环境，在国内外有一百多个分部，十几万会员。国会里和法律界都有它的会员。这是一个"施加影响的压力集团"，压力当然是向着政府的。"我们的意大利"有资料机构、研究机构、出版机构和教育机构，所以它不但是舆论力量，而且是一个学术性的实体。从成立以来，它打过大大小小许多仗。例如，争取国会通过了保护彼斯顿（Paestum）古希腊遗址和威尼斯水城的法律，通过了保护各城市的历史中心的法律，等等。它制止了在一些历史地段兴建工厂。它影响最大的胜利有两件，一件是挫败了很有势力的一批房地产投资商，促使国家制定法律，把罗马城外的古阿庇亚大道两侧保留为国家公园，不许再造房子。这公园出城门迤逦十公里，宽度大约是两公里。另一件是，使国家制定法律，规定凡有一定历史的城市的规划，都要有总建筑师、总文物保护师和总考古监督三个人联合签署才有效。这几个战役的胜利，不但提高了政府对文物建筑和历史地段的重视，也大大提高了老百姓对文化遗产的认识。"我们的意大利"对造成意大利人珍惜文物建筑的风气是有大贡献的，它也受到国际文物保护界的尊重，已经成了榜样，影响很大。

我们应邀去参观了它的总部。总部在很繁华的维多利欧·艾玛努勒大街上，我们坐在三楼的客厅里听主人介绍，还被街上的汽车声闹得心

"我们的意大利"出版的期刊《我们的意大利》封面。

烦意乱，坐立不安。介绍之后，请吃午餐，正在大嚼之际，不料"我们的意大利"总部里几个刚刚访问过中国的人围住了我，纷纷批评我们对文物建筑不重视，批评我们修缮文物建筑不得法，损害了它们的历史价值。我对他们提到的情况毫无了解，穷于应付，十分狼狈。幸亏国际文物保护研究中心主任艾尔达过来说："各国人民对自己的文化有自己的看法，他们有权自己决定怎么办。"把那几位热心人劝开了。不过，我实在不知道中国人民对中国文化遗产有什么看法，不知道我们对文物建筑决定怎么办。那顿午餐的滋味可没有吃出来。

东柏林古建保护师马丁告诉我，在他们国家，这种民间组织也起很大作用。骨干分子都是些退休的老头老太，对文物建筑很有感情，保护起来认真得很。在苏联，文物保护协会有几百万会员，每人交五六个戈比的会费，能有相当大一笔钱，用来保护文物建筑，很管用。每年假期，报纸上公开登启事，征求大学生义务参加保护文物建筑的劳动，报名的人也很踊跃。这种劳动同时起了向青年人宣传保护文物建筑和普及有关知识的作用，一举数得。

爱什么，就得为什么付出代价。意大利人为保护文物建筑付出的代价是很大的。在1967年由罗马市议会通过的罗马城总规划里，有两个重要的大项目，一个是历史中心，就是1870年时的旧市区的保护和再生，另一个是考古区的划定和规划。

旧市区面积一千四百一十六点四公顷，大约占欧瑞里城墙里一半的样子。关于这个历史中心的原则是：未经批准，房屋的内外部都不得改动；经当局审批后，成片地进行有计划的内部改建，以提高居住水平，但总居住面积不得减少；维持相应的手工业、商业和服务业，力争保住原来的生活特色；大型建筑物逐渐改变为文化设施，如博物馆、文化中心等，迁出一些公司总部之类的第三产业，以提高历史中心的文化意义；建立步行区，禁止或限制机动车辆进入；保护空地，不得在它们上面建房子。

我参观了几处改建工程，房屋的外貌严格不变，只重新粉刷而已，内部重新划分空间，甚至有把相邻的房子打通的。设备则一律现代化。

（三）

就住宅来说,由于隔墙减少,布局合理,所以居住面积略有增加。同时,拆除了内院里的破棚子和吊在楼上廊子外面的棚子,增加了新设施,所以居住水平提高了不少。不过,历史中心毕竟过于古老,建筑拥挤不堪,街巷狭窄,没有阳光,没有新鲜空气,也没有绿地,孩子们和老人们都只能在小小一片空地上松散一下。机动车辆限制进入之后,生活环境会改善,但居民们又失去了交通的便利。而且,古城区的维修和更新的速度很慢,现在的房子很破旧了,居民们要修一修,哪怕仅仅是阳台栏杆,都得请有正式资格的文物建筑保护师设计,由文物主管部门批准。而审批的手续又很慢,一拖几个月。我问私人开业的文物建筑保护师皮昂各,居民们有什么意见。他说,近年来,居民们跟政府合作得很好,能耐心等待。但是,实际上,罗马古城区每年都有上万人口外迁。1870年的时候,罗马大约二十二万人口,全部住在这个旧市区里。后来大量增加,但近年人口外迁,现在,这里的人口已经低于二十万,不足罗马总人口的百分之十。看来,迁出的人里还是有不少人是因为这里生活质量提高毕竟有限。

至于考古区,指的是古罗马的遗址。在欧瑞里城墙之内,划定了九个考古区,包括城中心〔卡比多山、巴拉丁山、古罗马共和时期中心广场(The Roman Forum)、帝国广场群、大角斗场、大赛车场等〕、卡拉卡拉浴场、戴克利先浴场(Thermae of Diocletian, 305—306)、阿芳丁山(Aventine)等区。它们占了城圈内大约另外一半面积。城外还有一个古阿庇亚大道区。在这些区里要进行发掘、清理、绿化等,并且使它们联系起来,完整地展现古罗马城的格局和雄伟的面貌。

这项工作的难处,在于考古区内古罗马的遗址上已经造起来的一些建筑物,也很有价值。例如,图拉真庙(Temple of Trajan, 109—113)的位置上有一座文艺复兴时期的和一座18世纪的教堂,图拉真巴西利卡(Basilica Ulpia, 109—113)的东端有几座住宅,西端跟艾玛努勒二世纪念碑接触。戴克利先浴场早已被后来的建筑物分割得零零碎碎。我看了这些考古区的规划图,它们的指导思想好像并不一致。城中心区的规划比较平稳，凡后来中世纪和文艺复兴时期的建筑物基本不拆，只拆掉压在遗址上的道路和绿地等。而卡拉卡拉区的设计比较猛，几乎要拆光以后的所有建筑物。这些分歧怎么处理，我没有进一步打听。或许是因为卡拉卡拉区的新建筑物都是18世纪以后的仿古折衷作品，历史价值比较差，而古罗马遗址的价值又很高。

这些规划有的已经着手实施。横过古共和广场北部的一条大路已于1981年冬天拆除；大角斗场周围正在发掘；从大角斗场穿过古共和广场经赛维路斯凯旋门（Septimius Severus Arch, 203）登上卡比多山的古代"神路"已经清理出来。从大角斗场到威尼斯广场的八百米长的帝国大道（Via dei Fori Imperiali），压在几个帝国广场上的，也准备拆掉。这条大道现在每小时有两千辆汽车通过，交通量很大，据说要用地下道代替，这笔投资可是够大的。意大利政府已经下定了决心，政府的决心就是选民的决心。意大利人民为保护他们珍贵的历史遗产，是准备付出很大的代价的。

意大利无比丰富的历史文物确实大大促进了旅游业。但是，保护文物却并不是为了旅游，这是文化事业。现在，意大利文物建筑的参观人数已经超过合理容量太多，以致不得不采取一些措施来限制一般的参观，免得文物建筑遭害。所以，大规模的保护措施，包括拆除帝国大道之类，主要是人民文明程度的表现。普遍比较高的文明程度，是文物建筑保护工作的根本。

文化资源并非就是旅游资源。不能一概加以开发，当摇钱树。有大量的文物建筑其实并不能赚钱。巴拉丁山和古罗马广场在罗马城中央，以房地产"开发"的眼光看来，那是寸土寸金的宝地。现在那里的古建筑只剩下断断续续的墙脚和几段残柱，除了考古专家之外，别人已经看不出什么名堂。但是，这些废墟被精心地保护着，丝毫不能触动。更何况其他大量精心保护着的遗址残迹，看上去不过是破破烂烂的一堆砌体，甚至不过是几块石头，既不好看，也未必有人知道它们过去究竟是些什么东西，而且散在各处，很难看得见，没有一个旅游者会注意它

(三)

罗马考古区的一部分：卡比多山、共和广场、巴拉丁山和大角斗场，当年米开朗琪罗在设计卡比多广场时把它调转朝向，背对考古区，就是为了把城区的发展引开，以保护考古区。左下角的建筑是圣玛丽亚·阿拉科里教堂（S. M. in Aracoeli），右上角有郁郁葱葱树木的是巴拉丁山，共和广场遗址的东端是大角斗场。

们，为它们付钱。但是，照样得花钱维修管理，这就得把旅游收入统筹考虑，不能各自为政，否则，有许多很有价值却不可能直接有旅游收入的文物古迹就没有了维修经费。意大利的经济在欧洲只占第七位，但在君士坦丁凯旋门，建于公元312至315年。

保护文物上实在还是舍得花钱的。不但在罗马城，而且在全意大利，到处都有维修古建筑的脚手架。还有许多地方要发掘，连罗马城中心最重要的巴拉丁山，发掘工作都还差得远。维修和发掘都是极细致的工作，人不能多，进度不能快，中间还夹着大量科学研究和试验，所以，脚手架和围栏，一设就是几年，甚至十几年。态度很严肃，决不因为旅游业的需要而草率从事。例如，图拉真纪功柱（Trajan's Column，113）和君士坦丁凯旋门（Arch of Constantine），要洗去污染，既不能刷，也不能冲，而是喷雾，待积垢软化了之后再弄下来。一小段一小段地搞，每段喷三个月。我们被允许去参观，主事的人告诉我们，对它们的研究工作是一厘米一厘米地做的。

　　因为需要做的工作量太大，所以，在罗马城和全意大利，失修的文物建筑还是不少。有一些新问题，例如，汽车废气和轮胎磨下的粉末对文物建筑的污染很厉害。尤其在罗马城里，因为大量文物建筑是用灰华石造的，这是一种孔隙很多很大的石灰石，特别容易被废气和轮胎粉末污染，所以，在路边的大都已经变成乌黑色，而清洗又很难。有一所文

（三）

波洛米尼设计的圣卡罗教堂。立面柱子的材质是灰华石，已经被汽车尾气和轮胎橡胶粉末污染发黑。

艺复兴时代的法国教堂，被选作试验品洗了一洗，结果是孔隙里的黑色洗不掉，变成了许多大大小小的麻点，非常难看。旅游也会造成古建筑的损坏，倒不是有意的刻画敲打之类，这几乎是没有的，而是一些意想不到的事。比如圣彼得教堂的维修专家给我们说，对教堂里壁画最大的祸害是每天几万个参观的人发出的蒸汽和二氧化碳，包括呼吸和皮肤散发的。人体的蒸汽和二氧化碳有酸性，对壁画和大理石有腐蚀作用，所以文物管理部门正在和旅游企业商讨限制游客数量的办法。又比如，欧洲所有城市里都大量繁殖着的野鸽子，对古建筑也是很大的威胁，它们的粪便酸性很强，不但伤害石头，甚至伤害教堂的彩色玻璃。但文物建筑保护家们不敢惹它们，因为老百姓喜爱，有不少老头老太把喂鸽子当作最愉快的晚年消遣。东柏林的文物建筑保护师马丁悄悄告诉我，在东德，是要用毒饵药杀鸽子的，当然也不敢声张，而且并不赶尽杀绝，还留一些点缀风光。

不过，我当时以为，在我接触的意大利知识分子中，不少人洋溢着过多的感旧怀古的情绪。他们陶醉于古代的一砖一石，仿佛只要能在古城的历史中心里住下，就可以容忍一切的不便，认为那里的文化氛围足以补偿。我因此也常常跟他们抬杠，但他们总是充满了自信。他们的自信，又常常使我动摇。

（四）

　　从我住的地方乘环城电车到罗马大学去，半路上有一个站，叫麦乔累门（Porta Maggiore）。它位于公元38至52年间造的克劳迪亚输水道和新阿尼欧输水道（Aqueduct of Anio Novus）的交会点，一列红砖发券在这一段里同时架着两条输水道，它们的水槽上下摞着。公元271年，建造欧瑞里城墙的时候，在这一带利用了输水道，堵死发券就成了城墙。原先有两孔相邻的发券，各被一条驿道穿过；于是就把它们用大理石装饰起来，造成一个城门，这就是麦乔累门。靠北的那一个发券外面，不过几米远，有一座罗马共和末期的一位面包作坊老板和他妻子的合葬墓，正好挡住发券的一半。早先，驿道出了发券就斜向东北走，躲开了坟墓。造城门的时候，没有拆掉这座墓，不但驿道照旧是斜的，甚至把城门洞的侧壁也顺驿道做成斜的；这座麦乔累门因此在世界上很有名，把它当作古罗马人爱惜文物建筑的例证。

　　我对美术史家罗贝多说到这座门。他挺神气地说："我们罗马人从古就很有文化修养，懂得历史文物的价值。"我说："那么，为什么在中世纪和文艺复兴时期你们拆毁了那么多的古代建筑？"他着急起来，因为英语很不熟练，紧紧握住我的胳膊，说："不，那是哥特人、拜占庭人和教皇们干的，他们都不是罗马本地人。墨索里尼也不是！"

　　对这样天真的热情是不能泼冷水的，我只好说了几句恭维罗马人的话。他很高兴,以后常常陪我去看一些文物建筑保护工程。

有一天,他把汽车在泰伯河西岸大堤上停了下来。堤后大约十米处是法尔尼西纳别墅(Villa Farnesina, 1508—1511),跟东岸的法尔尼斯府邸(Palazzo Farnese, 1520—1580)正好对着。这别墅我参观过,里面有拉斐尔等人的壁画。这段大堤我也经过许多次,没有看出什么特别来。罗贝多告诉我,大堤上的汽车道几年前加宽之后,交通量很大,尤其是重载车辆很多,因此影响到法尔尼西纳别墅,有点震动。文物专家提了意见,靠近别墅的这段路就挖开改筑了,加了橡胶垫层防震。我问他,这一段有多长?他比画了一下,我估计,大约有二百来米。我表示佩服意大利人为保护历史遗产所做的牺牲,他自豪地说,早在一百多年前,修筑从威尼斯广场到品巧山(Pincio / Pincian Hill)去的大路时,为了保护基里纳尔府邸,大路就从府邸下挖几百米隧道过去。那真叫不惜血本,而那时候根本还没有旅游业。"我们不是为可以卖文化赚钱才热爱文化的。"他说。另外一次,他带我到泰伯河东岸的屋大维亚(Octavia)敞廊街,这条街上有一些文艺复兴早期的老住宅,都是砖的,看上去造的时候质量就不高。但它们却造在古罗马屋大维亚敞廊的遗址上,住宅的墙根上可以看到高低不齐的白大理石的敞廊残迹。在住宅的墙上,零零星星镶着建造时从敞廊的废墟里捡来的雕刻、铭文、线脚,还有一些门框、檐口、阳台板和断柱之类。

街的东头,还残存一排小半截柱子,有十几棵,它们接着一个五开间的科林斯式门廊。这门廊是敞廊的一块小小遗物,大约6世纪的时候,在它后面造了一座天使教堂,它才成了门廊,后来被当作水产市场。它有两棵柱子坏了,中世纪时发了一个占三开间的宽大砖券来代替坏柱子支承额枋,它的样子因此显得很古怪。罗贝多告诉我,屋大维亚敞廊本来是规模很大的建筑物,造于公元前149年。奥古斯都把它修缮了之后用来荣耀他的妹妹屋大维亚。这条街,是它的南侧的痕迹。

他煞有介事地微笑着,问我看到了什么。我说:"看到了很少,联想了很多,一部历史小说的背景。"他拍拍我的肩膀,高兴地说:"你真是个感觉细腻的人。"他说,"这是罗马城里最富有色彩的一条街,既有古代的辉煌,也有中世纪的愚昧,还有文艺复兴时期对美的向往。这是一座非常别致的文化史博物馆。"

随后,我们拐出了街的东口,来到著名的马尔采拉剧场前面。这剧场是奥古斯都造来荣耀他的外甥、屋大维亚的儿子的。立面虽然残破,但是收拾得干干净净。罗贝多说:"你看,这个立面多么单调、枯燥。"他说,中世纪以来,各层券廊里都是些五光十色的小店铺,从一些券洞有阁楼像鸟笼一样吊出来,是穷人的栖身之处。但是,1932年法西斯统治时期,把店铺和阁楼都清理掉了,只剩下古剧场冷冷清清的残骸。他说:"历史没有了,生命没有了,成了博物馆里的鲸鱼骨架。"好在墨索里尼财力不雄厚,没有把那条街和剧场里面的迷宫似的小住宅群拆掉。

罗贝多说的生命和历史,是文物建筑从它诞生之日起,在整个存在过程中获得的全部有价值的特点和信息,是它跟现实生活的联系,并不是提倡把文物建筑变成住宅、商店或者游乐场。

古罗马的马尔采拉剧场

在意大利，文物建筑和历史古迹里是没有商业也没有游乐设施的。偶然有一个小摊子，也只卖导游地图、说明书或者明信片。吃喝都不供应。离罗马二十八公里的阿德良离宫（Hadrian's Villa，118—128），面积大约有一百二十公顷，离罗马二十三公里的古奥斯提亚城（Ostia），面积将近七十公顷，它们的文物都很多、很重要，参观起来每一个至少要多半天，但是没有商店、餐厅、酒吧。到阿德良离宫去的汽车站上，贴着一份告示，请游客自带干粮。只有奥斯提亚在古剧场底下有一间小门面卖饮料，这是因为剧场有时还有演出。在意大利的文物古迹里，弥漫着的是文化气息和思古的幽情。游览的人手里捧着的导游书，都是些有相当高学术水平的著作，有一些甚至是名著。中小学也把文化古迹当作历史课堂。看到这些，我常常想起我们的北海、颐和园、天坛甚至故宫，商业服务业往往占据着最显要的位置，在最应该获得历史文化知识的地方和最应该陶冶审美情趣的地方，大吃大喝，遍地狼藉。那种贪婪和愚昧，实在叫我脸红心跳。

至于要保存文物建筑在存在过程中获得的全部有价值的特点，那是欧洲人在摸索了一百多年后才得到的认识。这包括不要轻率补上缺失的，也不要轻率去掉增添的，因为缺失和增添可能都是历史有意义的见证。而文物建筑的主要价值就是它们携带着丰富的历史信息。

在罗马城的中轴线考尔索大街（Via del Corso）的西侧不远，有一座交易所大厦，它的正面原本是公元145年造的阿德良庙（Temple of Hadrian）的北柱廊。十一棵雄伟的科林斯式柱子，十五米高，就嵌在交易所正面上。考尔索大街东侧不远，特列维喷泉旁边有一座圣玛丽亚教堂，一幢多层住宅造在它上面，把它的立面贴在住宅立面上。虽然阿德良庙和圣玛丽亚教堂比交易所大厦和住宅有价值得多，把交易所大厦和住宅拆去，庙宇和教堂的建筑艺术魅力能够充分发挥出来，但是，不允许这样做，因为这样就会失去它们的一段历史。

另一类例子是大角斗场，它的内外都残损得很厉害，最外一道墙的大部分没有了，里面的观众席和表演场的地表也都没有了。我问罗贝多，能不能恢复八分之一或者十六分之一，教人看看原来的样子。他使劲儿摇头说："不行，不行。"补上缺失，也会失去文物建筑的历史。

　　文物建筑所携带的历史信息是不许歪曲的，必须严格保持它的真实性。要做到这一点，就得把文物建筑首先当作文物，而不是建筑。所以，文物建筑保护工作的一个潜在危险，就是建筑师以自己的专业眼光来看待它们，恢复它们的构图完整、风格纯正、功能完善等。那样，会把一个真古董搞成假古董。这就是为什么许多罗马古迹，包括城里的古中心共和广场、帝国广场、巴拉丁山宫殿建筑群和郊外的阿德良离宫、奥斯提亚城等，都严格保持着废墟的样子，绝不重建。连道路都不造，除了古代残存的石板路面之外，就是参观者踩出来的土路。偶尔点缀一些树木，也是零零散散，像是天然从石头缝里长出来的，绝不成行成列或者修剪得整整齐齐。断壁残垣、荒烟蔓草，诉说着两千年的风风雨雨，那意蕴实在是醇厚得很。我刚到罗马的时候，聊天中常常对朋友们说文物建筑的"修复"。稍稍熟了一点之后，国际文物保护研究中心的主任很有礼貌地纠正我，说："不能说修复，要说'干预'。"所谓"干预"，就是防止文物建筑的继续破坏。干预而不修复，这是欧洲文物建筑保护工作的一项基本原则。

　　此外，文物建筑保护的另一个重要原则是，不允许造假古董。不但假古董本身毫无价值，它还会因真假莫辨，连带着使真古董也贬损了价值。所谓"假作真时真亦假"。

　　罗贝多带我去参观梵蒂冈博物馆。博物馆是文艺复兴时期的建筑物，严整的柱式构图，装饰富丽堂皇。20世纪80年代初，给它扩建了一翼，这一翼，竟完全是当代最新颖的建筑风格，连它内部的陈列柜陈列方式和照明等，都完全是最新颖的，骤然一看，简直像个机械车间，跟原来的建筑物毫无共同之处。我一直觉得罗贝多很保守，以为他一定不喜欢这个异端式的扩建部分，要知道，这是在梵蒂冈宫墙里面呀！没想到，他说："这很好，就应该这样。"新的就是新的，旧的就是旧的，清清楚楚，不论在什么环境里，新的都不应该去模仿旧的，

(四)

这幢紧挨着圣彼得大教堂、灰白色的长方形现代建筑,就是梵蒂冈音乐厅。

不该造假古董,以免真假不分,混淆了历史。

  罗贝多说,不但文物建筑的扩建要采用最新的风格,以拉开历史距离,在历史地段里造新房子,也不能仿古,也要采用最新风格。他拉着我匆匆走出梵蒂冈宫,穿过圣彼得大教堂前面的广场,绕到教堂的南侧,指着一幢灰白色的长方形建筑物告诉我,这是著名建筑师奈尔维(Pier Luigi Nervi,1891—1978)设计的音乐厅,虽然在梵蒂冈城里,紧挨着圣彼得大教堂,还是用当代风格,而且用悬索屋盖,强调它形式的新颖。

他问我，对这种做法能不能接受。我立刻回答说："能！"我告诉他，罗马城里虽然有许多文艺复兴盛期的建筑杰作，也有巴洛克时期的精巧的教堂，但是我在街上来回溜达，常常找不到它们。我说："19世纪末叶和20世纪初年，罗马造的那些仿文艺复兴和巴洛克的建筑物，形成了假古董的海洋，把真古董淹没了。这是个很大的损失。"他把两个手掌按在我的胸口，说："我们可以用同一张嘴说话！"

第二天是周末，他把我、马丁和厄瓜多尔的女文物建筑保护师伊纳丝带到他的别墅里去。那是西海岸，一大片浓密的松树林紧靠着柔软的沙滩，几十幢别墅就隐藏在松林里，另外还有一家精致的餐厅和一家冷饮店。公路边上有个小小的商业中心，一半做过路人的买卖。沙滩南头是个突出到海面上的圣塞维拉堡垒（Santa Severa），造在公元前7世纪伊达拉里亚人的码头上。码头是典型的伊达拉里亚式巨石砌筑，不规则的石块接缝严密，工程非常雄伟。加上堡垒高高的石墙和墙头高高的瞭望塔，在黄昏的阳光下更加庄严。堡垒里住着一批作家和画家，收拾得清清爽爽，随人参观。

晚上，我们到松林里捡来枯枝，在沙滩上生一堆火，伊纳丝烤鱼给我们吃。我问罗贝多，如果有人在这里买块地，造起高楼大厦来……他说，办不到！因为这个"社区"里的人不会答应。只要社区的人反对，任何人都不能在这里造大楼。凡新建筑，都要所在社区的公民同意，在城里也一样，这是有法律规定的。

于是我们什么烦恼都没有了，灭了火，看月光在海面上跳跃，听堡垒的剪影叙述一千年前骑士们的冒险故事。

（四）

（五）

一位私人开业的文物建筑保护师布拉奇，兴致勃勃邀我到他负责维修的一座堡垒去参观。汽车跑了一个多小时，来到了罗马东北方的一座小山。山腰往下是灰绿色的橄榄林和紫青色的葡萄园。往上差差参参是个小山村。村子里有油坊、酒坊，橄榄油和葡萄酒的香气浓浓地飘。山顶上耸立着那堡垒，俨然统治着好大一片地方。堡垒是克瑞顿乔家族在11世纪造的，13世纪到17世纪，归出过好几个教皇的奥尔西尼家族（Orsini）所有。堡垒像通常的那样，大块石灰石砌的墙，上面有雉堞、望楼，墙外有一圈干壕，一道吊桥跨在门前。进门是不大的前院，有个很深的地下贮水库。水库陡壁上有门洞通一条地道，直达山下远处。堡垒的另一边还有一条这样的地道，都是为遭到长期围攻时逃跑用的。房屋是两层的，沿外墙建造，形成一个不整齐的内院。

刚下汽车，堡垒高高的毛石墙的那种粗犷庄严气势，很打动了我。可惜，顶上的塔楼，外墙面却抹了一层灰，很脏的黄绿色。布拉奇告诉我，那灰是18世纪抹的。我立刻问，为什么不把它剥掉？他说，不能剥，那是历史。我说，太难看了。他说，我们无权评价好看不好看，我们不能根据好看不好看来工作。给我们之间当翻译的，是他的儿子法比欧，罗马大学的力学教授。法比欧好像觉得他爸爸太迂，对我耸耸肩膀。但布拉奇的全部修缮工作都必须在地方文物部门的严格监督下进行,所以他说,即使他想剥掉那一片18世纪抹的灰,也不可能,因为文物部门不会同意。

堡垒目前的所有者也是一位罗马大学教授,他想把它整修一下,用来租给各种国际学术会议,也可以当旅游旅馆。

在院子里先看到的是房子的门窗,只有少数几个还保存着古老的旧物,大多数早已缺失,新补上去的一律是极细巧的铝合金框子,镶大块褐色玻璃。进得房子,看到楼板和屋盖本来是木结构,梁檩之类全部露明,一部分朽坏的,换成了型钢的平桁架。桁架不加丝毫修饰,就以本来面目跟剩下的木梁并排着。有几棵木柱子换成了钢筋混凝土的,都是毛面,露着模板印子。西边的一道墙,向外闪出了几十厘米,现在已经加固,所用的拉杆、钢板、螺栓等,全都不加掩饰,可以看得一清二楚。原来的两道石砌盘旋楼梯损坏得很厉害,新加的钢梯,钢踏板一头焊在中心的钢柱上,另一头悬挑着,跟墙面保持一个明显的间隙。布拉奇说,必须让人可以看到原来可以看到的一切,包括每一块石头,所以,这间隙很重要。

我早就知道,维修文物建筑的一个基本原则叫"可识别性"原则,说的是,凡必须添加上去的一切,都要跟原物有明显的不同,避免以假乱真。罗马大角斗场是灰白色石灰石造的,19世纪以来加固的部分全用红砖,就是这个意思。不过,像布拉奇在奥尔西尼堡垒这样有意拉大历史距离,对比如此强烈,倒也不多见。

堡垒内部净空很高,有些房间改成现代化的卧室,办法是加个夹层,上面放床铺和浴厕,下面放桌椅沙发。这夹层用很轻快的型钢结构做,四面不靠墙,像个玲珑剔透的陈列架。厨房里新装了灶具,也都用细巧的钢架托着。因此,不论在卧室还是厨房,人们都可以清清楚楚看到堡垒内部的原样,连厨房里原有的灶台之类老设备也都照旧不动。

所有新加的钢结构,都很容易拆除,而且拆除的时候不会伤损古建筑一丝一毫。这种做法,叫作"可逆性原则",也是文物建筑修缮的基本原则之一。

修缮完成的威尼斯某府邸内部，屋内的白色屏墙是新加的，与原有建筑有着明显的不同，对比强烈，有意大利新旧建筑之间的历史差距。屏墙与原建筑的墙保持一段距离，一方面明确表明它是后加的，一方面让原建筑清晰可见。而且，这种屏墙又是随时可以拆除而不损害原建筑的。

  内部重新抹了灰。不过，凡过去壁画、图案、线脚等装饰的残迹，有多少就保留多少。一个很有意思的情况是，施工过程中，铲掉旧抹灰层后，发现墙体曾经多次修补，每次所用的砖和灰浆不同，砌法也有差别。于是，新抹的灰，就在墙体的每个变化部分留出一小块空白，显示这些变化，不过这些空白的位置、大小和形状很讲究，都仔细推敲过，形成很和谐的构图。

  内部的这些处理，就叫作展现文物建筑的历史，使它的历史具有可读性。这个历史可读性，也是文物建筑保护的一项基本原则。

  堡垒里有一间礼拜堂。它的圣坛和东墙上画着大幅壁画。18世纪时，礼拜堂一度成了马厩，拦腰砌了一道横墙，把东墙壁画切断了，把圣坛封闭在很局促的一侧。这是一道粗劣的墙，没有任何装饰，而且早已没有用处。但是，这次修缮仍然把它保留了，只在它靠着东墙的地方拆出一条窄窄的缝来，叫人侧着头刚刚能看清东墙壁画的全貌。又在这道墙当中开一个小洞口，通过它可以看圣坛上的壁画。

我对布拉奇说，这道墙我无论如何不能容忍。他笑笑，回答："第一，它也是历史；第二，我也无权拆它，文物机构不会同意的。"他对那条缝和那个洞还挺觉得有意思。他的儿子法比欧又一次对我耸耸肩膀。

堡垒二楼的南部本来是个仪典性大厅，已经完全倒塌。在它的位置上打算重新造一间会议厅，补足这座府邸。布拉奇拿出图纸给我看，所设计的会议厅，全用玻璃幕墙，一个透明的盒子。它夹在两翼残存的毛石墙之间，粗犷与轻巧对比，响亮得很。

东侧的底层，有几间房间要当作堡垒历史陈列室。这里有一间原来的监狱，墙特别厚，开一个小小的高窗。布拉奇打开灯，叫我看，窗口之下，地面上有一个坑，他说是被监禁的人的膝盖硌出来的。他们跪着祈祷自由，前面的墙上，歪歪斜斜画着许许多多十字。这些都要保留，作为奥尔西尼家族凶恶残暴的铁证。

奥尔西尼堡垒的维修工作，虽然使它适合了完全现代化的使用，但是对原有部分仅仅做了加固、"干预"而没有变动，所有添加上去的部分不但跟原有的明显区别，而且不妨碍原有部分的展现，甚至有意展现了它的历史。由于设计精心，水平高，所以，抹灰层上的空块和各种轻型金属结构等等，都相当美观，并没有杂乱的感觉。这些做法，完全符合欧洲占主导地位的文物建筑保护各项原则。它成了体现这些原则的极好例证。

后来我在别的城市，如波仑亚和维晋塞（Vicenza），也见到许多同样的例子。不过，也有一些例子并不严谨到这种程度，是不是由于文物建筑的"级别"不同，我倒没有一一问清楚。

出了堡垒，脚下是个十户的小村子，绕村围一圈大石头砌成的高墙。村里小石板路曲里拐弯，两边是一两层的小房子，石头的，挑着细巧的阳台，偶然见一个精致的铁花店招，店面也不过是临街一扇窗子。顺着高高低低的台阶上上下下，在路灯杆下折过去，常有一片空地，面对山谷里的橄榄林。丁香花下的条凳上，暖暖的阳光照着几位老太太抱着猫儿聊天。我很受这种宁静安逸的生活气氛感动，心境大概有点儿

（五）

仙化，仿佛人间一切现代文明都不过是多余的纷扰，于是，对法比欧说："能保护住这整个村子，甚至整个的小山和山谷就好了。"法比欧笑了，说："所有到这儿来观光的人都这么想，所有住在这村里的人都不这么想。罗马城里也一样，住在历史中心的人，出去旅游，总希望看到人家古色古香的东西，一回到家里，就希望修马路、造新房子。"我们一齐哈哈大笑。布拉奇听不懂英语，莫名其妙，问他儿子，他儿子不肯说。我交往过的一些意大利高级知识分子，大多把子女从小就送到美国读书，讲一口漂亮流利的英语，当然也不免学来美国人的价值观。法比欧就是这样的青年，他不大能理解父亲的思想感情。布拉奇知道他们父子之间的"代沟"，很警惕地注意法比欧对我说了些什么，但由于语言隔阂，无可奈何。

我们在一家餐馆坐下。餐馆完全是中世纪的式样，桌椅都是白木的，不刨光，留着斧子印。餐厅的一边是个大烧烤架子，火焰熊熊，铁钩子上挂着牛腿、兔子和鸡。两个很美的小姑娘，长长的辫子，黑色长裙上有几块红，跑来跑去服务，小皮靴子嘎嘎地响。我们边吃边聊，旁边有几个小青年，听见我们聊古建筑保护问题，就走到我身边，问：你们中国人为什么连长城都拆？我按照出国前"培训"时学到的方法，把一切罪过都推给"四人帮"，但一个小青年说：不对，现在还在拆，是军队拆的！我一听，在"我们的意大利"总部的那一幕又要重演，有点发窘。正在支吾之间，法比欧把那几个小青年打发走了。我问布拉奇，拆长城之类的事他们怎么知道的，比我还清楚。他说现在文物建筑保护是世界性大热门，你们中国人还拆的拆，改的改，使用也不适当，谁不知道？报纸上常常有议论。这顿饭，质量比"我们的意大利"总部那一顿高得多，我又没有吃出滋味来。

奥尔西尼堡垒的做法，在目前的意大利，很有代表性。各处的维修工作，具体做法有出入变化，基本原则都是一样的。这些原则，就都写在《威尼斯宪章》(Carta di Venezia) 里，这是"国际文物建筑和历史地段保护议会"在1964年通过的，目前被普遍认为是纲领性的文献。

我所在的国际文物保护研究中心设在罗马的圣米启尔大厦（S. Michael）里。这大厦是16至19世纪间陆续造起来的，规模之大，在罗马占第二位，仅次于梵蒂冈宫。我在的时候，它也正在修缮，也算得上是按《威尼斯宪章》办事的一个例子，不过争论还是很激烈。

它有好几个院落，最北头的一个过去是监狱，研究中心就占用这个院落。外立面保持着老样子，内部按当今的需要现代化了。安上电梯，铺上地毯，装了上下水和暖气，墙面也全部见新。不过对建筑内部空间和结构并没有实质性的变动。中央院落的建筑本来就很考究，维修也很严格，原状基本不动。厚厚的墙体正在加固，办法是在墙体上钻许多孔，各个方向的，塞进钢筋用螺栓在两头拧紧，再用高压泵把水泥砂浆挤进去，不但灌满钻孔，而且塞到一切缝隙中去。这种做法是为了加强砌体的抗震能力，有些因地震或火灾酥裂了的砌体也用这办法抢救，在意大利普遍应用。但是，这办法也引起了许多批评。一种批评是，这样处理之后，墙体强度不匀，万一再有地震，可能更容易破坏。另一种批评是，这做法没有可逆性，水泥注入缝隙之后，再也弄不出来了，而《威尼斯宪章》规定一切维修措施都应该是可逆的。批评尽管批评，但提不出更好的加固酥裂墙体的方法来，这种方法还在应用，它的第一位研究者还送了我一本有关的书。

不论哪个国家，修缮古建筑的时候都会遇到"死马当活马医"的问题。墙体酥裂就是这样的问题。不修不安全，要修，目前只有两个办法，一个是拆了重砌，一个就是打孔加筋灌浆。两个办法都有损于古建筑的"原初性"，相形之下，拆了重砌对"原初性"的破坏甚于打孔加筋灌浆，不得已只好采用这办法。和其他一切工作一样，理论原则不能让步，一让步便什么都守不住了，但在实际操作上又不能不做些必要的让步，不让步也什么都做不成。书呆子习性和无原则主义都是有害的。

中央院落的所有房间，格局一律不变，重新抹灰粉刷，但保留原有一切壁画和其他装饰，哪怕是七零八碎的一点点痕迹。院子四周的券廊里有壁画，因此用大玻璃把发券封死，加以保护。在阁楼上布置了一个古罗马灶神庙，缺失了的檐部没有补齐，只在柱头上搭个轻屋顶了事。

会议厅，非常现代化，还有自动化的玻璃活动隔断。但所有的新设施都好像是浮搁着的，整个建筑环境依旧是阁楼原状，屋顶的木结构全部裸露着，上阁楼的楼梯，保留着残破的原有石条，只在楼梯井中央加一部电梯。

　　院子里外墙面的粉刷，用什么颜色大费斟酌。原来的粉刷，经过多次维修，有许多层，每层颜色都不一样。各部分的维修情况不同，所以粉刷的层次又彼此不同。现在新的粉刷，究竟应该用哪一层的颜色？我初到研究中心的时候，已经开始试色，半年多之后，我要走的时候，还在试色。古建筑保护研习班的主任诸葛力多，从他家的窗口可以看到那院子里去，常常在早晨笑着告诉我：院子里的颜色又变了。国际上把古建筑的材料分为永久性的、半永久性的和非永久性的三类，粉刷属于第三类，这一类是允许更新的，不过当然要十分慎重，所以那个院子才试了又试。

这幅画是19世纪欧洲盛行"大旅行"时期的古罗马共和广场一角，那时人们看到的就是遗址，但比20世纪时的要好不少。

    人类大约从会造房子起就会修房子，但是，文物建筑保护是19世纪中叶以后才有的事。此后一百多年，就是一个使文物建筑保护工作科学化的过程。有尝试有失败，有收获有损失，一直到20世纪中叶，这才摆脱了老工匠修旧房子的传统，摆脱了建筑师重建、改建旧房子的传统，摆脱了老百姓添添改改或者翻新旧房子的传统，确立了对文物建筑系统的、科学的认识和相应的保护理论和方法。这些理论和方法是欧洲一百多年经验教训的总结，具有普遍的意义，现在正越来越被各国接受，不管它自己的传统如何。借口"民族传统"来拒绝科学、拒绝进步是我们国家一些人的老思路、老办法，至今还起作用，但愿今后我们会更聪明些，更实事求是些，不要顽固不化。

（六）

　　旧市区，或者叫历史中心，是罗马城的骄傲。在这个一千四百一十六点四公顷的范围里，有从古罗马共和国时期到1870年的各种建筑物，其中有许多是建筑史、城市史、美术史和文化史里不能不认真地写一写的重点。而且，作为一个整体，旧市区所携带的历史信息和文化价值，以及它所起的心理上的认同作用，远远超过任何一个单独的文物建筑。因此，它整个儿就是个文物。罗马人很引以为荣的事实是，他们第一个提出了旧市区的整体保护问题。所谓整体保护，就是说，不仅仅保护建筑物和其他城市体素，还要保存它的生活方式、文化氛围和风尚习俗。

　　罗马的旧市区像一座大大的迷宫，街巷曲曲折折，很狭窄，而且幽暗，两边三五层高的砖房子，逼得紧紧的。墙壁粉刷成赭红、土红或者土黄色，年久了，斑斑驳驳。稀稀拉拉可以看到一些阳台，放满了盆花。窗台上也有放盆花的，浇了水，滴滴答答往下漏，常常打进行人的脖子里，凉飕飕的，吓一跳。门框大多有些装饰，甚至用大理石。复活节插在门边铁架子上的花束，干枯了，还在微风里摇来摆去。房子的转角上，会有一个小小的神龛，雕饰得很精巧华丽，供着圣母像，前面有一支烧残了的红蜡烛，或者还有几炷香，升起袅袅的蓝烟。住在底层的居民有开小铺的，只不过在门里放几层货架，跨门摆个摊子，在门框四周挂上几件颜色鲜艳的商品。它们在古老的街巷里很照眼，常常引起旅罗马的旧市区，或者叫历史中心，在这个一千四百一十六点四公顷的范围里，有从古罗马共和国时期到1870年的各种建筑物，其中有许多是建筑史、城市史、美术史和文化史里不能不认真地写一写的重点。而且，它所携带的历史信息和文化价值，以及所起的心理上的认同作用，远远超过任何一个单独的文物建筑。

（六）

游者的兴趣，请出小铺的女主人来，站在门口，照一张相。咖啡馆和烤饼店大多一两间门面，通常倒是新式装修的居多，玻璃门明晃晃，把整个旧市区都浸没在浓郁的咖啡香气里。

在这样的街巷里信步走去，隔不多远就会有一个小广场，一座小教堂，一池小喷泉，巴洛克式的，装饰着雕刻。你稍稍定神看一看，就会觉得面熟，原来是书上读到过的著名作品，出自大师之手，例如贝尼尼（Giovanni Lorenzo Bernini, 1598—1680）和波洛米尼。有时候转一个弯便猛然见到古罗马的纪念性建筑物，万神庙、浴场、凯旋门，巍巍然，更加壮观。这些珍贵的文物建筑使旧市区生色；旧市区的尺度、色彩、气氛、情调，衬托着文物建筑，也使它们生色。文物建筑和旧市区是一个整体，分不开的。墨索里尼喜欢把古罗马建筑周围拆干净，修建广场，把古建筑"亮出来"，其结果是使文物建筑失去了跟历史环境的有机联系，孤孤单单。最典型的一个例子，就是奥古斯都的陵墓（Mausoleum of Augustus, 公元前28）。给它配了三幢新建的灰白色大楼，把它围在绿地中央，跟旧市区隔开了。本来为了尊崇它，实际上是剥夺了它的历史环境，使它失去了一部分历史价值。

保护旧市区还有两个比较重要的理由。一个是，维修和更新旧住宅，比新建住宅省钱得多，工期也短，因此是解决眼下住宅问题的有效办法。另一个是，有人认为旧市区生活质量比新市区好。这里商品和服务都比较便宜，而且布点经过长期的调适，对居民很方便。这里的居民大多是住了多年甚至几代的了，大家彼此熟悉，而且在紧凑的以步行活动为基础的小尺度环境里，人们在附近的咖啡店、菜市场、小空地和教堂常常见面，容易相互产生亲切感，使这里的生活更富有人情味。这种人情味是以汽车活动为基础的大尺度新住宅区里所没有的。所以，保护旧市区，就要保护它的生活方式、文化氛围和风尚习俗。这也就意味着，要留住原有的居民。

我住在泰伯河西岸旧市区的一条短短的巷子里，搬进去的当天下午，女房东就对左邻右舍打了招呼，第二天早晨我一出去，巷子口几家小铺的掌柜就隔着玻璃橱窗跟我问好。虽然我极少去买东西，他们的亲切始终如初。有一天，我请几位朋友来吃饺子，到小铺去买葱，没有了，小姑娘问我什么时候要，我告诉她晚饭要用，到七点多钟，她把葱给我送来了。我邀她一起吃饺子，她大大方方留了下来。隔壁一家咖啡店，也是派个小姑娘按时到各家送咖啡。我住了不到一星期，巷子里的孩子们就都跟我问早安晚安，到第三个星期，居然收到了参加婚礼的邀请。在"我们的意大利"出版的一本提倡保护旧市区的小书里，有一个人就抱怨在新区住了几年都不认识楼上楼下的邻居是谁，而在旧市区里则有沁人心脾的温暖。

　　这大约是事实，不过，这是事实的一半，另外一半是，旧市区里没有阳光，没有新鲜空气，没有绿地，设施落后而且不可能有比较大的改善，交通也很不方便。罗马的旧市区里，有相当大的部分，有相当多的杂居大厦，是地地道道的贫民窟。有一天，我跟美国姑娘卡塔琳娜到旧市区里转，看到一些古老大厦里的居住情况，简直像看根据狄更斯小说拍的电影。卡塔琳娜几乎要哭出来，对我说："这太可怕了，我不能接受保护旧市区的思想。"我跟诸葛力多讨论这些问题，他说：文物建筑和古老的城市是人类历史的见证，它们不只属于意大利，不只属于我们，它们也属于世界，属于未来。我们的责任是保存它们。生活质量的提高是可能的，只不过要花钱，要花时间而已，我们能承担，乐于承担。这样的使命感挺神圣的，我无话可说，倒觉得我们太功利了，太短视了。

　　整体地保护旧市区，跟旧市区的现代化，这之间的矛盾实在太大了。当然，保护旧市区的原则跟保护文物建筑的原则是相似而又不大一样的。正确地说，欧洲人并不叫"保护"旧市区，而是叫"复活"旧市区。这"复活"，就意味着不去拆改，而是使它适度现代化，但是又要使旧市区保持它的原有体系和风味。这谈何容易。不但有极复杂的技术问题，而且有其乱如麻的许多社会问题、经济问题和政治问题。所以，文物建筑的保护有了《威尼斯宪章》，而二十九年之后，旧

（六）

市区的"复活"却没有什么比较具体的原则，供国际上共同遵守。

这问题在资本主义国家当然就更加难办。一位罗马市的有关官员来做报告，说到旧市区的居民二十多万人，绝大多数是低收入的。罗马市政府是以共产党为主的左翼联合政府，给1949年以前造的房子规定了一个相当低的最高房租限额。据说房租不足以抵偿维修费用，以致房主不修房子，任它破烂下去，弄得不能居住，逼得低收入的房客只好搬家。然后，房主修缮房子，房租随着提高，低收入的当然住不起，于是就吸引比较有钱的人去住。有钱的居民多了，旧市区的商品和服务的档次和价格就提高了。另一方面，政府的"复活"措施，同样也会使房租上涨，低收入的居民更苦了。穷人被迫外迁，富裕人家搬了进来。城市的历史中心中产阶级化了。虽然从1870年以来，罗马城的人口增加了十几倍，但旧市区的人口在一度膨胀之后又渐渐降低到一百年前的水平，而且还略略低一些。只占全市人口的不到百分之十，而且继续减少。随着历史中心的中产阶级化，有传统特色的商店、作坊、服务行业消失了，使旧市区引以为豪的历史风貌跟着逐渐褪色，它的价值也大打折扣。所以，要整体地保护历史中心，就必须保证它由原住民居住，不要中产阶级化。北部的波仑亚城，几十年来都是共产党联合左翼党派执政，扼制了历史中心的中产阶级化，市中心的"复活"工作做得比较好。

交通问题也越来越麻烦。古话说，条条大路通罗马，罗马形成了以旧市区为中心的放射形道路网。这格局一直维持到现在，因此，虽然历史中心的人口只占罗马的百分之十，但步行和汽车交通量却占百分之二十。偏偏这儿的街巷又窄又多又曲折，所以，车辆堵塞是家常便饭。罗马人好像对交通堵塞已经很习惯，他们把胳膊肘放在汽车方向盘上，叼着烟斗，静静地发呆。而那些急救车则能像跳蚤一样在看来比它还小的缝隙里跳过去。那司机真神了。

有一天，我从维多利欧莱市场回家，平常只要二十多分钟的路，竟在电车上耗了将近两个钟头，以致误了听研究中心的课。我对班主任诸葛力多说起这件事，他说，这只能靠改善新城区的交通，把车辆吸引过去。至于旧市区，却只能扩大步行区。如果旧市区的街道拓宽了，反而会招来更多的汽车。汽车能带来交通的便利，但也会使居住区的生活质量下降。比方说，孩子们不能成群在街上玩了，他们会失去终生难忘的童年和几十年生死不渝的友谊。诸葛力多说：不能要求旧市区具有新市区的一切优点，但它也有新市区不可能有的优点，这就是它的历史文化素质，它的人情味。两两抵消，旧市区还是有人喜欢住的。

这事情太复杂，我没有什么发言权，只好听着。既然阔佬们都喜欢住到新市区的绿荫下的新房子里去，那么，至少目前，旧市区的居住质量比较差，总是事实。不过，旧市区里的极大部分房子的基本质量相当好，其中有一些还相当精致，只要好好维修，适当地增加现代设施，拆掉乱七八糟增添的部分，以降低建筑密度，就有可能住得舒服，这倒也不假。

因此，旧市区的"复活"问题，基本上是个社会问题，是个立法问题。在整个资本主义世界，旧市区"复活"的立法问题，是一个大热门，它牵涉居民、房地产主、包工头、建筑师、店主、小业主等各种人的利益。

从实际出发，罗马旧市区的保护分三级。在第一级里，包含一些有重大历史和艺术价值的建筑物，只有确实为居民的健康和安全所必要，才许使建筑物见新，而建筑物的形式、颜色和内部结构都必须严格地保持不变。在第二级里，重要性不如第一级，但总体面貌仍旧十分重要，只要建筑物的外形和颜色不变，且总建筑面积略有增加，就可以见新。第三级，区内的建筑特色不能变，可以造些新房子，不过总面积不得超过原有总面积的三分之一，而且要保有停车场。

对于全中心区都适用的一些规定是：不能有任何多于一百名工作人员的公私单位，不能有超过二百张床位的旅馆，不能有大的商店。允许设置的单位是：公司总部、办事处、新闻编辑部（不包括印刷车间）、零售店、手工作坊、剧场、电影院、餐厅、旅行社、博物馆、文化设施等。高层建筑在全意大利历史文化名城里都没有，只有米兰、热那亚、那不勒斯几个大工商中心和航海中心才有。

修缮，"复活"，不鼓励一家一家单独地干，而是经过设计，一批一批地干，一干就是一片。不过，至今还是试点。我去看了几处，有一处在古庞培剧场（Theatre of Pompey，公元前55）遗址旁边，包括拉斐尔设计的卡发瑞里府邸在内。它对面也是一幢文艺复兴时期的府邸，外墙上有很华丽的粉画。现在，其他的房子粉刷一新了，那幢府邸的外墙面粉画没有触动，对比之下显得十分陈旧，看起来很怪。

近年来，旅游者对旧市区的兴趣大大增加了。它确实很富有色彩。景观变化大，而且多数变化是由历史的偶然性造成的。建筑和街巷的尺度小，很亲切。店铺也大有特色，手工艺品特别多，还有一些旧货店、文物店、珠宝店、画店等。从著名的纳沃那广场（Piazza Navona）北头向西到维多利欧·艾玛努勒桥（Ponte Vittorio Emanuele）头，有一条考洛纳里街（Via dei Coronari），很窄，一家挨一家全是古旧店。小小的店面，一两个柜子，但货物琳琅满目，也有些稀奇古怪的。这条街已经成了罗马最有吸引力的旅游街之一，看来破破烂烂，一天的交易额却很大。

一本关于罗马建设规划的书里说，在普遍很穷的时候，旧市区的保护问题不大，因为本来就没有力量去改变它。在很富裕的时候，问题也不大，只要大量贴钱进去，总有办法。最难的是中间状态。有点钱想改善、想建设，却又没有足够的钱按理想状态去建设、改善，这种时候旧市区最容易毁掉。这大约是很确切的。我们的一些历史文化名城，正处在这种尴尬的境况之下，尤其是逢到一些当权人的文化水平不高，而且目光短浅，急功近利。所以我们的历史文化名城正在失去历史信息，失去文化积累，终于也会在不久的将来失去历史文化名城的一切价值。靠造假古董是夺不回那些价值的。

第二篇

　　罗马的东南方，以那不勒斯为中心的那不勒斯海湾沿岸，曾是古希腊人的移民地，当年经济文化都很发达。古罗马帝国时期，这是避暑胜地，皇帝们和学者们都常常来居留。这里保存着大量古希腊和古罗马的建筑遗迹，这些遗迹大多已经是废墟一堆，只有专业人士才看得出来什么，非专业的游客少而又少。但是意大利人小心翼翼地认真保护着他们。参观过这些荒凉的遗迹，对意大利人在保护文物建筑方面的执着和非功利精神，不能不肃然起敬。

　　最使我受到强烈震动的，是我亲眼见到，在一个被地震严重破坏的极其偏僻的山村里，一群那不勒斯大学的学生们，冒着生命危险，上上下下对断壁残垣做详细的观察、测绘和做一些临时性加固。天下着雪，他们住在帐篷里，没有一文钱的报酬，心甘情愿地忙碌着。我更感受到了那些古迹的价值。

　　那不勒斯以优美的民歌著称于世，但那个城市却被水手糟蹋得不成样子，然而意大利人以他们独有的信心和韧性保护着它，他们不着急。

那不勒斯周边地图

- 鲁克里诺
- 巴伊阿
- 波蚋奥里
- 那不勒斯
- 厄尔古兰诺
- 维苏威火山
- 庞贝
- 彼斯顿

那不勒斯城区地图
1. 国立考古博物馆（Museo Archeologico Naziona）
2. 斯帕尼奥利居民区（Quartieri Spagnoli）
3. 圣弗朗赛斯科教堂（S. Francesco di Paola）
4. 多莱锋大街（Via Toledo）

主教堂
圣劳伦斯·麦乔累教堂
圣基艾亚教堂
圣艾尔摩堡垒
圣马丁修道院
十字形街商场
王家堡垒
王宫
圣卡洛剧场
圣达鲁琪亚
那不勒斯湾
卵形堡垒（Castel dell'Ovo）

（一）那不勒斯

意大利人有一句谚语，说："到过那不勒斯，死可瞑目。"另外还有一句谚语，说："从那不勒斯起，往南是非洲。"两句话针锋相对，倒比众口一词的赞美更教人想去看看。

三月份，暖风一吹，我们就到那不勒斯去了。一路看两边的农地，耙得像镜子一样平，土碎得像粉末。那样的精耕细作，我从来没有见到过。果园里，梨树下搭着矮矮的葡萄架，葡萄刚刚抽芽，下面的蚕豆已经开花。上下长着三层作物，怪不得意大利的农产品那么丰富，供应着全欧洲一半以上的需要。

旅馆在市政厅旁边。放下行李，就绕过王家堡垒（Castel Nuovo，1279—1282）和王宫（Palazzo Reale，1600—1602），到圣达鲁琪亚（Santa Lucia）海岸去了。暮色渐深，星星亮了，望着闪光的大海和远处维苏威火山的侧影，心底响起一支熟悉的歌："看小船多美丽，漂浮在海上，随微波起伏，随清风摇荡……"

海里有一座堡垒，高高的墙脚下开着一家餐厅，灯影摇曳，音乐声随潮拍上岸来。岸上，夜总会的霓虹灯快活地变幻着图形和颜色，咖啡的浓香在海风中弥漫。往西不远，长长一带花园，草地上情人依偎，灯下，一支乐队正在准备演奏。

意大利人把那不勒斯叫作"永恒的游乐场"，圣达鲁琪亚是那不勒斯的销金窝儿。我们匆匆一看，现代化的寻欢作乐，已经闯进了那首歌的梦幻境界里，逼得它快要褪尽了。我想起歌词的最后一句："来罢，夜色将阑，来罢，离开那尘嚣的岸。"

　　我们这个小团体，一共二十三个人，倒有二十一个国籍。第二天，乘车到那不勒斯以东大约一百公里的几个村子去。那是1980年11月23日一次大地震的震中，目的是去看地震后古建筑的维护、测绘以及制订修复方案。几个村子都在亚平宁山的深处，海拔一千七八百米。汽车在陡峭的盘山公路上转来转去，每一个急转弯处，都有几个纪念物，有的是小小的石龛，有的是一块小石碑，也有简单的一个石坛，大多镶着有人像的瓷片。我很觉奇怪，问研究所的土耳其籍助教，她说，这条山路很险，常常出车祸，这些小东西都是悼念车祸遇难者的。大约转了两个小时，就进了积雪区。白皑皑一座座大山，波起浪逐，气象十分壮观。康帕尼省（Campania）的一位官员，在车上向我们介绍情况说，本省的农村在意大利是最穷困的，而这个震区，又是穷中最穷的。于是，我心中产生一种不大体面的希望：也许可以看到最有乡土特色的古老山村。但是，奇怪，所过的山村，全都是现代化的独家住宅，设计很新颖，看得出设备很齐全。我心里有点儿失望，也有点儿羡慕，说不出是什么滋味。进了震区，可以看到一些村子的抗震棚，也全是现代化的活动房屋。想起几年前唐山大地震之后我们的抗震棚来，真觉得我们活得多么凄惨。最后，汽车爬上了群山围绕中的一个孤峰，这里本来有一座10世纪时诺曼人造的圣安琪儿修道院和13世纪的一座罗曼式教堂，旁边聚拢了极小的一个村子。这些建筑在地震中全部倒塌了。

　　在修道院的半堵残墙下，几个年轻人给我们看他们的测绘图，包括修道院和整个村子。这时，天气一忽儿晴朗，一忽儿下雪，十分钟就能变一变。冷风嘘溜溜地吹，嘴唇冻麻木了，说话很费劲。我们这个小团体里早就有人吃不消了，但那几个年轻人还是一本正经地讲解。等讲解完了，急急忙忙到废墟里去看，一看，我的心跳得咯咯响。在这样一个小山村里，至少可以说绝大多数人家有烧柴油的暖气、两个四大件成套美丽的圣达鲁琪亚海岸,"看小船多美丽,漂浮在海上,随微波起伏,随清风摇荡……"

的浴厕,地面和楼梯是大理石的,有一些人家安的是铝合金门窗,不锈钢的厨房设备。看得出,房子远没有在半路上见到的那么新颖,但都是新式的砖墙瓦顶,相当宽敞。我有点遗憾,我在这里再也看不到乡土风味的古老山村了。但我也很羡慕如此山高路险偏僻的小山村里,居民们生活现代化了,享受物质文明的最新成果,而我这个三十年工龄的大学教师生活条件比他们还差得远。我不久就冷静下来,年轻人告诉我们,这些村子是作为文物单位要保护的聚落。一座文物建筑,它的身份第一是文物,第二才是可用的建筑,作为保护对象的聚落当然原则上也一样,不过,那些现代化的住宅设备,是被允许的,如果不允许,村子就留不住居民,没有居民,这些村子要保护下去也很难。

我一路上想象的用木头杯子装着自家姑娘亲手挤的牛奶款待宾客的乡土风情,在一般情况下是保不住的了。只有极少数做"博物馆式"保护的聚落才可能有。

我们又转了几个村子,破坏情况比圣安琪儿轻一些。村子都很小,教堂可不小，有些村子甚至有两三个教堂。按规模说，足足可以装下现在全村人口的几倍。而且都相当精致，大多是巴洛克式的，跟罗马城里的一个味儿，装饰着壁画和雕刻，也有华丽的祭台、烛架、圣水池等等。教堂在这次地震里虽然没有完全倒塌，破坏还是很严重，有塌了一半的，有倒了几开间的，有拱顶裂开的，有柱墩酥散的。断壁残拱，摇摇欲坠，看上去都怕。到处都有黄绳子拦着，挂上"非常危险，不可靠近"的警示牌，但每个教堂，都有一拨年轻人在加固、测绘、登记、挖掘、做修复设计。他们不顾危险，细心地、镇静地工作着。

这些年轻人都是那不勒斯大学的建筑系学生。1980年地震发生后，三天之内，他们和一些教师就来到现场，在余震不歇、建筑物还在不断倒塌的情况下，着手抢救文化遗产，为了测量一个尺寸，观察一条裂缝，他们常常要冒险攀上摇摇欲坠的断壁残垣，简直是玩命。我们去的时候，他们还住在抗震棚里，多数时间在露天工作，有风有雪，气温在冰点之下。没有采暖设备，没有浴室，吃的是军用干粮。而且，工作没有分厘的报酬，全是志愿的。我们不由得肃然起敬。我也向意大利政府和人民致敬，那地方保护下一批历史见证，是一点经济效益也不会有的。世界上甚至不会有几个人听说过它们。我想起罗贝多说的话："我们是为了文化才热爱文化遗产的，不是为了钱。"

修复方案大都在结构和构造上做种种推敲，至于建筑，很简单，就是复原。这跟《威尼斯宪章》的规定是不是符合，这次我们这个小团体里没有一个人提这个问题，虽然他们一向喜欢鸡蛋里挑骨头，谴责一切他们以为不合宪章的做法，他们被这群年轻人的献身精神震慑住了。其实，只要资料齐全而且可靠，适当的复建并不是完全不允许，但一定不要混充原物，而且不伤害残存的遗迹。

从山上下来，第三天下午开始，我们参观那不勒斯市内的古建筑。那不勒斯的历史很复杂。最初曾经是古希腊移民地。公元前4世纪被罗马人征服之后，地位一直很重要，皇帝如奥古斯都、提比略（Tiberius，14—37在位）、尼禄，常来这里避暑，知识分子如维吉尔（Vergil，公元前70—前19)、西塞罗(Cicero,公元前106—前43)、大小普吕尼(Pliny the Elder, 23—79; Pliny the Younger, 61 / 62—113)在这里常住。古希腊的文化,包括语言和风习,在那不勒斯和它的附近地区一直流行到罗马帝国末期。后来,拜占庭人、法国人、西班牙人、奥地利人,都曾经或者占领它建立长期的统治,或者对它施加很强的影响。因此,在那不勒斯可以见到各种各样风格的古建筑。

海边一座非常宏伟的王家堡垒是13世纪末按照法国的样式造的,相邻的王宫是罗马巴洛克建筑师芳丹纳(Domenico Fontana, 1543—1607)在17世纪初年设计的,城西伏末罗山(Vomero)上一座更大的圣艾尔摩堡垒(Castel S. Elmo),建于16世纪,是西班牙式的。它前面的圣马丁修道院(Certosa di S. Martino)本来是法国人统治时造的,十六七世纪时大大改建过。从那里俯视整个那不勒斯城、海湾和岛屿,遥望维苏威火山,景致壮阔而多变化。上山本来有缆车,现在已经拆掉了。后来我在奥维埃多(Orvieto)和圣玛力诺(San Marino)也亲眼见到拆掉缆车的事。缆车既破坏自然风光,也和文物古迹格格不入,近年来都在拆除,只余下居民区和滑雪场之类的地方才有。

带我们参观的是那不勒斯市的总文物建筑保护师和一男一女两个副手。主要是看旧市区的几个教堂。那不勒斯城的旧市区跟其他意大利城市的都不一样,它已经失去了古代和中世纪的诗情画意,只有19世纪和20世纪初年工业城市的混乱拥挤,虽然单体建筑的质量倒还不错。所以,一路上,文物建筑保护师没有多少话可说,那位男副手兴致勃勃地告诉我们哪儿的烤饼店物美价廉,女副手则一再说,非喝那不勒斯的咖啡不可,而且必须一口一杯才有味道。

当地人最敬重的不是主教堂(Duomo di Napoli),而是一座圣基艾亚教堂(Santa Chiara)。这是1310年法国统治者按普洛旺斯(Provence)的哥特式样建造的。1742年至1757年间被改成了巴洛克式,1943年内部被炸毁。最近,又改回到严峻的哥特式了。但是,特地留下一开间巴洛克式的,作为历史的见证。另外,还有一所圣劳伦斯·麦乔累教堂(S.

法国样式的王家堡垒,1279年至1282年为法国来的统治者安茹的查理一世造的,屡经修葺。现在作为公共图书馆、省市议会会议厅和一个历史学会的工作场所。

Lorenzo Maggiore),也是14世纪初造的,同样曾被改造成巴洛克式的,而最近又改回到哥特式去,留下作为历史见证的,是西立面背后的部分。我起初不了解他们为什么要这样做。多看了几个教堂之后,我终于明白了,实在是因为那不勒斯的巴洛克式教堂太多了,或者精确地说,中世纪教堂被改成巴洛克式的太多了,以致那不勒斯竟没有一所还保存着原样的中世纪教堂。目前好古之风盛行,这当然有损于那不勒斯教会的自尊心和旅游利益。而且,教会的财产,包括教堂,是不受政府管辖的,教堂之类的保护维修,政府管不到。这本来就是欧洲各国文物保护立法的一个大漏洞,至今没有好办法。不过这几座教堂由巴洛克向哥特的恢复工作当然做得很精细。

圣基艾亚教堂有两所修道院。在文艺复兴时期,女修道院的院落改成了花园。1742年，正值欧洲艺术的洛可可时期，造了一个十字形的廊子分花园为四等份。洛可可艺术的特点之一便是汲取中国艺术特色，廊子的柱子、靠背椅、屏风墙等全部是砖石造的而且贴了黄色琉璃面砖。砖上用蓝绿色画着风景、田园生活和水果等，一看就是仿中国式的。长时期以来，欧洲人以为瓷片或者琉璃，是中国建筑的特色。明末遗民张岱在《陶庵梦忆》里记载南京大报恩寺塔，最后说："永乐时，海外夷蛮重译至者百有余国，见报恩塔，必顶礼赞叹而去，谓四大部洲所无也。"报恩寺塔外贴琉璃面砖，18世纪上半叶，欧洲不少所谓中国式建筑物就常常模仿着用瓷或琉璃贴面。至于这座修道院的琉璃砖上作的画，则可以从当时大量出口到欧洲的中国瓷器上学到。那不勒斯的几家博物馆里，都有不少中国瓷器。我把这些告诉东德人马丁，他很高兴，并且告诉我，德累斯顿（Dresden）的那几座仿中国式建筑物，现在还保存得很好。远隔重洋，亲眼看见中国文化对世界的贡献，真是极大的快慰，可惜实在太少了。

总文物建筑保护师估计到那些水平不高的教堂引不起我们多大的兴趣，很抱歉地说，那不勒斯的古建筑和艺术品，确实比不上北部和中部城市。不过，又补充一句，市博物馆里的庞贝（Pompei）和厄尔古兰诺（Ercolano）遗物，那可是世界上独一无二的。

那不勒斯附近不仅有庞贝和厄尔古兰诺，还有巴伊阿（Baia）和波朱奥里（Pozzuoli）的古罗马遗址以及彼斯顿的古希腊遗址，这些在建筑史里都是非常重要的。趁小团体解散休假 礼拜，我约了马丁一一去参观。

假期的最后一天，我和马丁决定在那不勒斯再转几圈。主要是转老区，一部分在伏末罗山的东坡，一部分在火车站到但丁广场之间。老区的范围比罗马的历史中心要大得多了。怎样来形容我们在老区参观时的心情呢？又可怕，又愤怒。我问马丁："你记得恩格斯写的……"他立即接茬说："《英国工人阶级状况》。"我们想到一起去了。这里的情况，跟一百五十年前恩格斯描写的曼彻斯特工人区简直一样。当然，房屋要好得多，都是砖石的，有一些还看得出当年新的时候挺有点派头，一般是五至六层，甚至七至八层，但是，建筑总容积率和人口密度可是比当时曼彻斯特的高得多了。街巷非常狭窄而且曲折，半空中密密麻麻横着绳子或者竿子，叮叮当当挂满了滴水的衣服。一层又一层，遮天蔽日，弄得本来就很幽暗的街巷更加阴沉。房子年久失修，灰皮剥落，门窗破败，阳台摇摇晃晃地歪着，雨水管子断裂，两侧墙上洇了一大片水迹，长着黑绿色的霉苔。走进楼房底层黑洞洞的券门，一般是个小天井，抬头看，许许多多住户自己搭的小阁子，像鸟窝一样高高低低吊着，有的是破木板的，有的是废铁皮的，有的不知是用什么东西搞的。天井里因此只有一线微光。地上堆得乱七八糟，甚至有别处再也见不到的煤渣和白灰。

在这种环境里，人们的品性也沉沦得很恶劣。街巷很脏，垃圾不知有多少年没有人打扫了，抛弃的车轮、冰箱和洗衣机都已经腐烂掉了。妇女们提着大墩布往电线杆子上甩，弄得漫天的尘土。甚至有人在楼上窗口拍打地毯，半条巷子都呛鼻子迷眼。小贩们的食品摊，毫无掩盖地放在这混浊的空气里，人们买一小勺煮芸豆，拿起来就吃。地面上纵横流着黏糊糊的黑色臭水。我们看见几个孩子在水里玩，一个小不点点的女孩，在阴沟里掏呀，掏呀，忽然掏出一块泥浆糊着的破布或者也许是别的不知什么东西，举起来，高兴得哇里哇啦地叫着，跑着，引得一大帮孩子跟在后面追。

主教堂后面一条小街上，有一溜半地下室，亮着刺眼的灯光，我们往里张望，原来是一堆堆的人在赌博，大叫大嚷，气氛非常紧张。还没有看太清楚，我们就警觉到，原来每个门前都站着三两条大汉，长满了毛的胳膊上刺着青花。他们斜眼注意着我们，我们不禁后背发凉，赶快走开。转过几个街角，心情稍微放松了一点，马丁叫我看地下，几乎遍地是废弃的毒品注射器。我们彼此看一眼，不敢多说，那种阴森森的气息压得我们有一种莫名其妙的恐惧。后来在伏末罗山半腰一个没有什么人的角落，我们才敢试一试，弯下身来双脚原地转向，数一数注射器的数目，竟有二十四个之多。一路上有好几次，遇见一些女青年，嬉笑着向我们打招呼，问要不要照相。从罗马到那不勒斯，这个地区的居民据说是血统最纯的拉丁民族，一向以出美人闻名，好莱坞的名牌红星，大都来自这里。她们确实长得很美，弹力针织衫紧紧裹在身上。我们怕惹事，笑一笑就快走。后来，回到罗马，一位哥伦比亚朋友拿出一沓照片给我看，都是他给那不勒斯女青年拍的，原来，她们可以把人带回去，照不论什么样的相，毫不保留。我问这位哥伦比亚人，她们都是些什么人呢？他说，都是好人呀，又热情又浪漫，是店员，是职员、学生或者甚至教师。他说：我爱那不勒斯，这地方真浪漫，总叫人兴奋。

那天回到旅馆，我们打开导游书一看，吓了一跳。那上面明明写着，为了安全，最好不到老区去，如果要去，就得结队，在中午前后，而且要尽力不招人注意。后来我向罗马大学的鲁奇迪教授说起这次经历，她说：热那亚更糟，都是水手们搞的。

这样的老区，现在都一律当作保护区。保护旧市区的理由，各有各的说法。有的说是为了它的历史价值和审美价值。有的说是因为住在这些区里更有人情味，人与人的关系比较亲切。实际一点的人说，改建这些旧房子比造新的省钱而快，有利于解决居住问题。最老实的是到我们这个研习班来做报告的英国人林斯屈拉姆，他干脆连改建都不赞成，说，老区房租低，住的都是低收入的人，小商业和小服务业多，价廉物美，低收入的人离不开它们。如果房子和环境改造了，房租就贵了，商业和服务业也就高档化了，这些人就住不下去了。所以，改造旧区，反而会造成社会政治问题。这也就是反对旧市中心的中产阶级化，防止把低收入者赶到城市边缘去。

不管人们七嘴八舌怎么说，保护这座历史文化古城实在是一个大难题，不仅有经济的技术困难，更多的是社会和政治问题。不过，意大利人保护文物建筑和历史性城镇的意志很坚定，他们有勇气挑战困难，也有足够的智慧，而且他们不急不躁，我相信他们会成功。

傍晚，我们再出旅馆，从伏末罗山的南侧顺着陡峭的小巷子下了数意大利最大的剧场——圣卡洛剧场。它在剧场建筑发展史上有重要意义,1737年为法籍统治者查理·鲍顿(Charles Bourbon)建造。

不清的石级,来到了王宫左侧,看了看19世纪著名的十字形街上覆盖着玻璃顶子的商场(Galleria Umberto, 1900)和圣卡洛剧场(Teatro di San Carlo, 1737)。我们又到了圣达鲁琪亚海岸,这里,崭新的现代化旅馆一个挨着一个,反射玻璃耀眼地亮。游乐场开始热闹起来,豪华餐厅的大海鲜玻璃柜里,活生生的龙虾缓缓地爬动。

我们终于找到了答案。那不勒斯既是个能够尽情享乐,死也瞑目的地方,也是贫穷的阿非利加的起点。马丁说,这不就叫作资本主义么。是!那不勒斯不过把矛盾表现得比罗马或者别的城市更尖锐、更赤裸裸罢了。

我终于没有兴致再唱那首"圣达鲁琪亚"迷人的歌了。

（二）厄尔古兰诺　庞贝

参观完了那不勒斯的教堂和博物馆之后，我们的小团体就放假了，大家自由活动。我打了个电话给从北京去的老黄，他赶到旅馆，把我和马丁接到他的住处。他住在鲁克里诺（Lago Lucrino），在城西二十来公里。那是一个很美的海滨小村，后背靠山，侧面临海，自古以来以产龙虾闻名。古罗马时期，这小村有很多别墅，其中有公元前2世纪初政治家、作家、雄辩家西塞罗的。尼禄皇帝的母亲被害死时就住在这里。现在，古代的别墅已经没有，小小的村子沉没在绿树荫里，家家园子花落花开，居民们大约也早已忘记那可怕的逆伦阴谋了。

在鲁克里诺住了几天，我们早出晚归，参观了厄尔古兰诺、庞贝、波孰奥里、巴伊阿和彼斯顿。

厄尔古兰诺和庞贝本来都是古希腊人的移民城市，后来被罗马人占领。两个城市都在公元79年因维苏威火山喷发而被埋掉。厄尔古兰诺在维苏威火山西麓的海边，1927年正式发掘，掘出三条街道和被它们分划的六个里坊，其余部分压在现在的城市下，无法发掘。埋掉厄尔古兰诺的是火山的泥浆，不是熔岩，所以虽然有的地方厚达二十米，凝结得很硬，但一切旧物保存得很好，连木器都还有完整无损的，包括家具、日用品、工具、门窗和建筑构件。

厄尔古兰诺本来是个大约五千来人聚族而居的小城，并不繁华，但是保留着比较多的希腊文化,建筑物很雅致。中庭式小住宅,有一些带个希腊式的围廊式后院,其中一幢的柱子看来还是希腊式的,大约造在罗马人进占之前。门厅、厨房、卧室、餐厅、起居室、客厅,一一分工明确。几幢大一点的,地面上有镶嵌画,保存得相当好,后院之后还有一个向西的阳台,对着那不勒斯湾。

六个坊里,有一个坊被半个体育馆占着,另外半个还没有发掘出来;有半个坊被一所浴场占着。可见当时公共生活很发达。浴场造于奥古斯都时期,是个四合院,分男用女用两部分。男的有冷水、温水和热水三个浴室,女的没有冷水浴室。更衣室里,墙上满是大理石板做的方格子,供存放衣物用的,一客一格。男更衣室里还有一具尸体,据说是个侍者。可能是在火山泥浆袭来的时候,想到这里躲一躲,被埋在里面了。生火的房间在角落里,热气循陶质管子流到各处。男用的冷水浴室里,穹顶上有薄薄的灰塑装饰,题材是海洋生物,以蓝绿色作底,大约是表现海水。

我们找到头年参加过罗马文物建筑保护研讨班的智利人巴勃罗,他在那里工作,走后门参观了正在发掘的现场,在厄尔古兰诺西城墙外。这里本来是关厢地带,渔船码头,比城里低十米左右,现在比海面低三米。主持发掘的人最感骄傲的是找到了不少尸体。因为过去一直认为这个城的人在火山泥浆来到之时几乎都已经逃光,他的发现推翻了这个结论。我的兴趣却在一所小小的浴场,它保存得很好,连拱顶都完整无损。进门的小天井里,一架大理石座子上立着青铜雕像,工艺很精细。一间方厅里有大理石砌的浴池和墙裙。因为主持人还在兴高采烈地带人们看尸体,我弄不清这是温水浴池还是冷水浴池。往里走,推开一扇又一扇的木板门,起初没有用心,后来忽然想起,据说庞贝城里门窗的青铜合页至今还能转动自如,莫非这里的也是?这才仔细地看并且推了一把,原来正是。这时,接待人赶来了,介绍说,连门扇都是原物,因为当时火山泥浆并不很热。这浴场里,最使我觉得意外的是窗玻璃。过去从书上知道古罗马有窗玻璃,但总以为是些小块。这浴场里有一块泥浆

厄尔古兰诺遗址已发掘部分的全貌

凝固体，上面粘着许多玻璃碎片，浅咖啡色，十分光洁。最大的有巴掌那么大。这股泥浆是破窗而入的，细看窗框，玻璃块的大小大约相当一张对开的日报。泥浆进了窗子之后，落在一个大理石水盆里，照盆子的形状凝结成一块，碎玻璃就粘在弧形的表面上，像从模子里翻出来的。一个月之后，我在罗马的文物修整中心又看见一块窗玻璃，也是碎块，大约有二十厘米宽，三十厘米长，厚只有三毫米左右，竟是完全纯净透明。我问雷娜教授，这是什么时候的，她说从公元2至3世纪的遗址找到的，至迟是2至3世纪的东西。

从发掘现场爬上海堤，迎面是落成不久的厄尔古兰诺考古博物馆，房子的体和面的变化十分突兀，是标准的当代意大利建筑。古代遗址博物馆全用新式样，毫不求跟遗址建筑的任何形似或神似，拉开了历史距离，效果很好。

庞贝跟厄尔古兰诺不同，它在火山喷发前是个手工业和商业很发达的海港，又是避暑胜地。罗马的富豪人家到这里造起别墅、大型住宅和花园。所以它的公共建筑也质量高、规模大,而且广场、街道都比较有气派。可是,庞贝城是被炽热的熔岩掩埋的,破坏得比厄尔古兰诺厉害,虽然埋得不很深,凝结的岩浆也不很硬,发掘出来的面貌却不如厄尔古兰诺完整。

庞贝城的大部分是住宅区,使我大为惊奇的是,虽然城市的发掘已超过了三分之二,却看不到很贫穷破落的房屋。从城墙脚跟起,一幢挨一幢,密密地排列着的住宅,都有相当好的质量,至少是中庭式,大多数带围廊式后院。火山灰混凝土的墙,抹一层灰,平而且硬,经过将近两千年,至今还有光泽。壁画很多。地面镶嵌画随处可见。后院的柱廊有用砖砌柱子的,也有石柱。城北部的维蒂府邸(Villa Vetti),专门用来供游客参观,后院的柱廊完整,壁画都在,还有大理石的家具和青铜的雕像。几个中年的画家坐在里面临摹片断壁画,卖几个钱,不贵。一座舞蹈家的住宅也很华丽,叫它舞蹈家住宅,倒并非考证出主人的职业、身份,而是因为院子中央有一尊青铜的舞者像。这类住宅,半室内半室外的敞开面积很多,比中国的四合院有更多空间和光影的变化。

古时,商业街道很繁华,店面相接,都是临街敞开,横着一个曲尺形柜台,很像中国南方的店铺。卖酒的,店堂里还摆着大瓮。街道两侧,墙下写着许多字,除了一些广告外,大都是竞选公职的标语口号,可见即使在罗马帝国时代,民主政治还很活跃。街立面多少经过修复,现在看上去好像古罗马人还住在城里,只不过是午休时刻,有点儿寂静罢了,过一会儿,大街上就会熙熙攘攘。只要看一看路上石板深深的车辙,就能想见当年车水马龙的盛况了。

还有一点引起我注意的是,城里有许多大型的角斗场、剧场、浴场、体育场、巴西利卡等等,足见公共生活的发达。但宗教建筑物却极少,只在中心广场上有几个,如阿波罗庙,看来也不过是官样文章而已。意大利中世纪的城市和村庄,教堂密布,容量甚至大大超过人口。两相比较,对古典文化的人本主义性质,能有很深的印象。

庞贝和厄尔古兰诺被挖掘出来后,做了许多修复工作。现在看来相

厄尔古兰诺遗址中的街道

庞贝古城，远处就是"造就"庞贝、让今天的我们有幸走进昔日古罗马生活的维苏威火山。

当完整的一些房屋中，有些当时不过只剩下四五十厘米高的残墙废墟，因此，虽然修复的工作有相当高的水平，现在仍然被认为是大错误。最"正统"的专家们痛心疾首地指责，遗址遭到了难以挽回的破坏。在这些专家们看来，真实性，原状，乃是文物的最基本品质，是它们的价值的命根子。所以，我所在那个国际文物保护研究所，根本不组织我们参观厄尔古兰诺和庞贝。

跟意大利所有的古迹名胜一样，现在，庞贝城里没有一家餐馆、咖啡馆，没有一个摊贩，连卖纪念品的小铺也没有。总之，没有一点商业活动，只在博物馆里卖导游图和画册。庞贝城东西长约一千二百米，南北最宽处约七百米，出了城门，大路两侧都是古代墓葬，也是重要文物，所以，一直要到墓葬区的尽头，才有卖纪念品和食品的。这么大的范围，细细地看，至少要一整天时间，要吃要喝自己带。后来我到法国，看到的文物古迹区也都是这样，这种做法实在很好，彻底避免了名胜古迹的商业化。

（二）厄尔古兰诺　庞贝

（三）巴伊阿　波執奥里　彼斯顿

巴伊阿离鲁克里诺很近，只有两公里的样子，本来是个希腊居民点，罗马帝国的时候，是很重要的海滨浴场和温泉浴场，有几个皇帝的离宫和不少贵族的别墅。1538年，因为火山喷发，大都沉到海里去了。现在，山坡上还有一处规模很大的公共浴场和几座庙宇的遗址。也有人认为这几座庙其实是另外几个浴场残存的大厅。

一下火车，右边山坳的葡萄园中立着戴安娜庙（Temple of Diana），圆形的，穹顶还剩下一半，直径是二十九点五米。向左沿海岸走百十来米，是一座维纳斯庙（Temple of Venus），外形八角，里面是圆的，直径二十六点三米的穹顶完全毁了。上坡走到浴场里，因为买不到导游图，面对着一大片遗址，高高低低，不大看得明白。好像包括三个建筑群，中间一个局部有轴线，其余的就随便了。北头有一个圆厅，穹顶直径二十一点五五米，完整无损，中央有个圆洞，跟罗马万神庙一样。这是万神庙之外唯一完整的古罗马大型穹顶。圆厅旁边还有一个小厅，盖着八瓣的穹顶，里面是一眼温泉，热气腾腾。这一带火山很多，曾经多次喷发，这两个穹顶和旁边的拱顶，居然无恙，可见技术水平相当高。而且巴伊阿几个穹顶的直径，在整个古罗马时代都可以算得上是很大的。

浴场遗址还有许多大大小小的台阶和巷道通向各种房间，现在是荒草野蒿，颓败得很。只有壁画、镶嵌地面、青铜或者大理石雕像的地

巴伊阿古罗马浴场遗址

方，搭个简易的棚子保护。遍地是大理石的建筑片断，如柱头、檐口等。细看上面的雕饰，忍冬叶、串珠、盾剑等，都不是浮雕，而是镂空的透雕，只剩背后一点点连着。从几个没有雕完的柱头，可以看出雕镂的程序，先是用钻头打深孔，然后下凿子。这样才能雕出又细又薄的花样来，而且保证图式精确。有一块科林斯式檐口，在每两个小齿之间连着指甲大那么一对卷草芽，只有一两毫米厚，玲珑细巧，半透明的。这样的片断在罗马火车总站对面的古代艺术博物馆里也可以见到。古罗马的建筑物一般很高大，高处用浮雕，体积变化和光影对比不够强烈，简直不会有什么效果。正因为高，所以不但不能简化，不能放大细节，恰恰反而要夸张细节的精致，才见得建筑物的雄伟。至于说高处细节小了就看不清，白费工夫，那也是不对的。正是看不清，才显得建筑物的高；高处细节看清楚了，建筑物就显不出高来了。简化和放大细节，都只会使建筑物粗陋并且尺度失真。

巴伊阿南端,有一座壁立的石矶插入海中,上面有座16世纪的堡垒,规模很大,侧面高高的石墙足足有几百米长,气势极其雄壮。我一向很迷恋堡垒的浪漫主义气氛,远远望见了它,一定要去看一看。沿公路上坡,走了半个钟头,到门口,只见挂着军事要地的牌子,不开放。正在叹气,忽然走出一个人来,眼珠子布满红丝,问我们:想进去看看吗?当然想!给钱!多少?一万里拉。马丁跟他讨价还价,说妥了三千里拉。我刚掏出一张五千的,那家伙一把就抓了过去。我知道跟他要找头是不可能了,只好不动声色,跟他进了大门。进门是个小小的院子,栽着几株石榴树和松树。我们以为他会带我们再往里走,谁知他一摆手说,到此为止。我们抗议说,跟你说好了是参观这座堡垒,他说,我说的是让你们进门。我们知道无理可说,想在院子里看海景,这无赖又来撵我们,说天要下大雨了,快赶汽车去罢。看来他让我们进去也是冒了点风险的,怕我们久留。我们实在也不愿惹是非,就出来了。马丁一向好胜,受骗上当,他认为是大耻辱,恼怒了很久都不肯说话。

波孰奥里在鲁克里诺到那不勒斯的中途,离那不勒斯十六公里。它最初也是希腊人居住地,罗马人占领之后,成了意大利半岛上最重要的海港,直到公元3世纪才被奥斯提亚超过。这里有不少古罗马的大型建筑物,其中角斗场保存得最好。它造于公元1世纪晚期,规模在意大利境内居第三位,可以容纳四万观众。长轴一百四十七米,短轴一百一十七米,表演区的尺寸是七十二米长、四十二米宽。起初,有一条输水道通进角斗场,可以注水做海战表演。后来,造了地下室,输水道就废了。这地下室保存得比罗马大角斗场的那个好多了。从两个坡道下去,下面有三条过道,一条大体顺表演区的外周走一圈,另两条是纵向的,互相平行。过道两侧是上下两层小斗室,上层养猛兽,下层囚角斗士。表演的时候,通过竖井用吊杆把兽笼吊到表演区。角斗场的外立面是三层发券,同里面的三层观众席相应。

赛拉比斯庙(Temple of Serapis/Serapeum,公元1世纪)即古代的

赛拉比斯庙，大部分已经沉入海中。

贸易神庙，现在已经淹在海水里，四周的柱廊和店铺见不到了，中央一圈十六棵柱子还露出海面，别有一种奇趣。

波朝奥里对古罗马建筑史的最大影响是这里生产活性火山灰，就是一种天然水泥。古罗马建筑的伟大成就依傍山色的拱券结构技术，而拱券结构能够大量使用，依傍的是火山灰混凝土。有了混凝土，拱券结构才又快又廉价，而且可以使用没有什么技术的奴隶劳动。波朝奥里一带是火山地区，罗马城里的大型建筑所用的混凝土，就靠这里盛产的活性火山灰。

整个那不勒斯湾沿岸的城市，都是古希腊人兴建的。罗马时期，这里的希腊文化影响还依然很深。但现在能见到的完整的古希腊遗迹，就彼斯顿，图中由近及远依次为巴西利卡、波赛顿庙、赛雷庙。

只有彼斯顿的几座神庙了。

火车到了彼斯顿，我们没有直驱希腊神庙，而是顺古老的城墙往南走，再折向西。城墙是古代的巨石砌筑，非常苍劲。走到南门附近，向北一望，在微微起伏的深绿色草地中央，三座黄褐色的多立克式神庙，默默地并立着，不动声色。古希腊人赞赏他们的神庙时，喜欢说它们像从地上长出来的，跟太古的岩石一起生成。此时此刻，我深深被这种描写说服了，仿佛找不到更好的语言。彼斯顿在公元前1世纪后半奥古斯都时代，就因为地势卑湿，疟疾流行而放弃了。19世纪之后，这里才重新发现，但两千年的荒凉仍然被小心翼翼地保存着。所以，这几座古庙就更加像永恒的自然那样，只跟日月星辰对话，而漠然不顾人间的沧桑。

但人们都不能对它们漠然。仔细深入的研究工作不停地进行着。1954年，在农业女神赛雷的庙（Temple of Ceres / Athena）的南侧发现了一个地下小庙，是女神希拉（Hera）的，里面有保存得很好的青铜壶，装着的蜂蜜还是干干净净的。赛雷庙对面的博物馆里陈列着公元前4世纪墓葬群里的壁画，是1968年才发掘出来的。

赛雷庙（34米×13米）建于公元前6世纪末，那座叫作巴西利卡（54米×25米）的庙是公元前6世纪中叶造的，波赛顿庙（60米×24米）（Temple of Neptune / Poseidon）造于希腊古典早期，公元前5世纪前半。被称为巴西利卡和波赛顿庙的，其实都是希拉神庙（Temple of Hera）。波赛顿庙是三座保存得最好的古希腊神庙之一，另外两座是雅典的丹西翁庙（Temple of Theseion，公元前428）和西西里岛上阿格里冈达（Agrigento）的和谐庙（Temple of Concordia，公元前430）。有人认为，彼斯顿的这座波赛顿庙比雅典的帕提农庙（Parthenon，公元前447—前438）还要美，因为它最充分地表现了多立克式建筑的雄伟刚健。甚至认为，波赛顿庙使用类似灰华岩的石灰石，疤斑累累，比帕提农的光洁的白大理石，更加适合多立克柱式的男性性格。

我不能，也不想这样去比较这两座建筑物。波赛顿庙石头上本来是抹着一层细灰的，有些现在还残存着。在罗马的朱利亚三世别墅里（Villa Giulia，1550—1555），陈列着公元前7至前6世纪伊达拉里亚古庙檐部的陶贴面，都涂着颜色，帕提农庙本来也是重彩浓饰的，所以，波赛顿庙当年很可能有满身斑斓的色彩。我们看惯了被风雨剥蚀的断柱残壁，往往赞叹古人的质朴单纯，其实，这不过是假象，古人恐怕倒是很花哨的。千百年的历史加工过的文物，本身有它独立的审美价值，不同于它焕然一新时的。比如青绿斑驳的青铜鼎彝的美已远不是当年光彩夺

（三）巴伊阿　波执奥里　彼斯顿　　81

目的美。彼斯顿建筑群是岁月加工过的了，人们欣赏它们的时候，包含着对它们两千年历史沧桑的尊敬。所以，它们的残缺破损，甚至它们的凄清落寞，都是造成它们现在的美的因素。当然，这样说是把它们当作文物，用诗意的心去亲近历史。至于作为建筑物，理性地衡量，它们毕竟相当原始，密集粗壮的柱子，透露了它们结构技术水平之低。

彼斯顿的三座大庙，平行排列，朝向一致，显得很单调，有点儿傻。和当时希腊本土的圣地建筑群自由而随参拜者的动线布局大不相同。有人认为，这是因为圣地建筑群是由民间崇拜发展起来的，与自然和谐；而彼斯顿的建筑群则是在寡头专制政体下建造的，所以很保守，只会固守庙宇应有的朝向。

彼斯顿现在虽然很小，四方的城墙总共不过六点四公里长，但在罗马时期要大得多。现在的城墙之外，北面和西面，都发掘出了整齐的古代街坊。在城内还有罗马时代的角斗场、剧场、输水道和广场。罗马人建设之勤，实在是叫人难以想象。

离开彼斯顿的时候，车站上只有我和马丁候车，这地方现在来的人很少了。巴伊阿、波执奥里、彼斯顿等几个地方，都任人游览，并不需要买票。旅游经济是从大处着眼，整体规划的，并不要求每个文物点自己去赚钱。每个文物点的经费由国家根据文物的价值和维修的实际需要提供，而不是根据它们各自的"市场价值"。

（四）奥斯提亚

回到罗马，休息了几天，到了周末，正逢复活节，天气特别暖和，跟马丁相约着又去奥斯提亚。这次选中奥斯提亚，就是因为刚从厄尔古兰诺和庞贝回来，印象还新鲜，好做个比较。

从圣保罗门外的奥斯提亚火车站上车往西不远，路右边就是圣保罗教堂（San Paolo fuori le Mura，386）。所以奥斯提亚门又叫圣保罗门。这个巴西利卡式的教堂是罗马最宏大庄严的教堂之一，仅次于梵蒂冈的圣彼得大教堂。它初创于古罗马帝国晚期，火烧之后又重建起来的。再向前，左边是罗马万国博览会旧址，我们中国留学生叫它新罗马。这一区建设得很漂亮，但是它的主教堂，仿圣彼得大教堂而加以简化，还有一幢用类似手法仿斗兽场的大厦，虽然都算得上是形似又神似之作，活像儿童积木，笨拙得可笑。不到半小时，就到了古奥斯提亚车站，总共二十三公里。下了车，过天桥，来到小小的玫瑰花盛开的村子。村里都是些一两层的独家小住宅，花园很大。人们都上教堂去了，静悄悄的。

我们来到教堂，做弥撒的人们聚在门口，亲亲热热地聊天。对着教堂的是1483至1486年间造的一座堡垒，兴建的人是位红衣主教，就是后来文艺复兴最重要的教皇尤利亚二世（Pope Julius II，1503—1513在位）。造这座堡垒，为的是镇守泰伯河，以免罗马城遭到海上来的攻击。但后来泰伯河拐了弯，这堡垒离河岸相当远了。

古奥斯提亚本来在泰伯河口，公元前4世纪就已经是个海港，罗马对外贸易的吞吐口。从奥古斯都起，历代皇帝都很重视它。公元3世纪中叶又兼为军港。它是罗马城最重要的供给基地，罗马城的供应官衙门就设在这里。最繁荣的时候，人口达到十万。泰伯河口外移之后，从公元4世纪起，它不再是海港，衰落下来，终于荒废。到1756年，这里只有一百五十六个居民，1878年，只剩下一户人家了。

奥斯提亚没有经过天灾的破坏，只是荒废之后在中世纪受到人为的糟蹋。保存情况比厄尔古兰诺和庞贝都好。因为奥斯提亚的性质跟那两座城不一样，它的面貌也很不同。

从尤利亚二世的堡垒向西走，不远就走进了奥斯提亚东门外的墓地。古罗马法律不许在城里埋葬死者，所以，城门外两侧沿大路建坟就成了通例。有一些墓其实是住宅的模型，院落、房舍都很整齐，也不太小，人可以进去，和罗马圣彼得大教堂地下古代墓葬相仿。

奥斯提亚的东门叫罗马门（Porta Romana），从这里有一条大石板路通向罗马城的奥斯提亚门，也就是圣保罗门。这条大路是古代最繁忙的大路之一。现在的公路，傍着这条古路走，离开一段距离，以免破坏它。古罗马有许多大驿道，所谓条条大路通罗马，现在大都当作文物保护了起来，不但保护路的本身，而且保护它两侧的环境气氛。最著名的阿庇亚大道，现在两侧都还古色盎然，没有一点商业或"旅游业"。

奥斯提亚东西长而南北窄。进了罗马门，一条东西向的主要大街（Decumanus Maximus）纵贯全城，大约一千二百米长。南北向都是比较短的街道。在这些街道里转来转去，越转越觉得奇怪。这座古城，已经清理了一半，大约三十三公顷，竟有至少一半面积是公共建筑物和宗教建筑物。占厄尔古兰诺和庞贝城绝大部分的那种整齐的居住街坊，在这里几乎没有。只在公共建筑物的夹缝里挤着些多层公寓。中庭式带后院的单层住宅寥寥无几，大多造于3至4世纪，看来是富人住的。公寓一般是四层，高十五米，这是古代罗马法律规定的极限。平面设计方法很先进，采用一梯几户的标准单元，也有转角单元。公寓比较狭窄，装修普洛蒂洛（Protiro）住宅内部。这种独门独院的住宅是"上等人"住的，在奥斯提亚不多，但很精致，胜过庞贝的。

简单，窗子不用玻璃而用云母片或石膏石片，显然是大多数平民住的。像在厄尔古兰诺和庞贝一样，在奥斯提亚也没有见到很不堪的可以称为贫民窟的地方。

  有些公寓底层设商店，店前或者有柱廊，或者没有。楼上挑出阳台。店面开敞，砖砌的平券的跨度竟在三米以上。临街横着柜台，它的侧后方是货架。一座叫作戴安娜公寓（Casa di Diana）的，对面有家三

（四）奥斯提亚　　85

间门面的食品店,墙上画着蔬菜水果,店堂里另有货架,后墙上还有衣帽钩。

公共建筑物的门类很多,充分体现了这个进出口贸易中心的特色。有好几个贸易货栈,卖粮食、卖油、卖酒,甚至还有卖牲口的。都是很宽敞的四合院,周圈小房间,备有仓库。大剧场对面的粮栈,共有六十间房间,看来都经营批发。大剧场的舞台背后,是个国际贸易中心,大院子周围一圈柱廊,一共七十间房间,房门前廊下地面的镶嵌画上都有文字,标明这间房间主人的国籍和做买卖的项目。原来每间房间是一家公司办事处,有迦太基、亚历山大里亚、阿尔勒的等;有经营粮食的,有制绳、修船的,还有航船公司。

剧场的观众席经过修复,现状很整齐,有二千七百座。舞台只剩下残迹,所以从观众席可以一直看到国际贸易中心的院子里,那儿现在是一片松林,正中一座小庙,还剩着几棵柱子,在虬枝老干的掩蔽下,显得特别白,特别挺直。

此外,奥斯提亚还有专门为国际贸易服务的旅店、仓库、修船所、修船技师学校等。技师学校对面是个商业行会,从一对卖鱼的铺子之间进去,先是左右各一个壁龛,左首那个有皇帝图拉真的雕像。再进去是个很深的院子,当中有长长的水池,红砖砌的,两侧作一连串的半圆形。池子尽头是一堵影壁,龛里有雕像。

公共浴场可就多了,城里至少有六个,西城门外还有一个,规模都不很小,冷水浴、热水浴、温水浴都齐备。废墟里可以清清楚楚看到顺墙走的供暖管道,是方孔的空心砖做的。有一个浴场甚至还残留着泵水的设备。中心广场南侧的浴场,烧火间在地下,还很完好,可以下去看。建筑艺术质量也是高的,西北角的七贤浴场(Terme dei Sette Sapienti),以圆形穹顶大厅为中心的室内空间组织得很好,跟院落错错杂杂交融在一起,加上柱廊的接应过渡,层次更多,景观很丰富。这些浴场都不讲究轴线对称,构图很活泼。广场南侧的浴场的南立面,两组柱子,开间疏朗,过梁轻薄,简直像现代钢筋混凝土的框架。

七贤浴场,残址保护得很好,凡砌体的上沿都做防水层。供暖管道本来贴墙而走,都已毁损。

结构的疏朗轻薄,工艺的精致细巧,构图的自由活泼,尺度的近切以及风格的亲柔平和,是奥斯提亚大多数建筑物的基本特色。以它的住宅来说,普遍使用大理石的地面和墙面、生动的彩色镶嵌画、铜的或石的雕像、喷水池、壁龛等等,还有花园。比厄尔古兰诺的华美,不像厄尔古兰诺的那样简单朴素;比庞贝的细小柔和,尺度更小,不像庞贝的那样有点富贵气或者庙堂气。

这种特色,最突出的代表是一所名叫朱彼得和莎姬之家的房子(Domus di Amore e Psiche)。朱彼得是维纳斯的儿子,莎姬是他的恋人。这所房子是4世纪造的,可能是一所住宅,也有专家说是一座妓院。小院子西侧有四间小房间,装修十分考究,其中一间地面和墙面全用彩色大理石贴面,中央放着朱彼得和莎姬的雕像,这是这座房子得名的由来。院子的东侧,有一排红砖砌的壁龛,前面立着小巧的白石柱子和券,色彩很明丽。北面一间大厅,地面是彩色的镶嵌画。马丁看了,连连说,这样的房子，跟朱彼得和莎姬的身份太般配了。大概确实是为了那么一种浓郁的浪漫主义的感情色彩，有好几对青年男女要求我们帮忙给他们在院子里拍一张合影。

庙宇也都平易，小巧。只有中心广场上的主庙（Capitolium），2世纪造的，献给朱匹特（Jupiter）、朱诺（Juno）和米诺娃（Minerva）的，放在高高的台阶上，才有点儿神气。可惜大理石贴面已经被剥走，只剩下光秃秃的红砖墙了。除了神庙，还有几处供奉皇帝陛下的庙，这在别处倒没有见过。一座4世纪的基督教堂，是巴西利卡式的。西门外不远，1961至1963年间修高速公路的时候发现了一幢犹太教堂（Synagogue）的废墟，是公元1至5世纪的，为了避开它，高速公路竟绕了一个大弯。

中央广场的西侧有座不小的巴西利卡，残毁得很厉害。蔓草中间，蓝尾巴的蜥蜴窜来窜去。不知哪儿来的一只猫，扑住蜥蜴，用前掌拍死，然后很文雅地慢慢吃。马丁看得入神，舍不得走，我只好独自去转，直到找到古罗马的公共厕所，喊他，他才跑来。厕所在广场的东侧，浴场后身，长方形的一大间，朝南两个门，其余三面是厕位，坐式的，雪白的大理石板上挖着圆洞，一共二十个。厕位下是水沟，至今还有小小一股流水，秽物可以随水冲走。因为有两个门并列，迎门的墙面又用红砖砌成左右两半图案，我们猜想这也许是男女两间厕所，但在地面和厕位上又看不出分隔的痕迹。正好有几个美国小青年坐在厕位上，大叫大嚷，开心得不得了。见到我过去，就做出各种姿势来大出洋相，要我给他们拍照。这个厕所大概也使他们觉得出乎意外。据书本上记载，古罗马不但有水冲式厕所，富人家的厕所里甚至有自动喷香水的装置。古罗马生活水平之高看来还是真实的。

仔细看了这些建筑物之后，奥斯提亚城渐渐在我心中复活，一个繁忙的、富庶的、五光十色的城市，充满了活力。人们在这里凭机智和勤劳工作着，也毫不吝惜地享受着。所谓古典文化的世俗精神，表现得十分强烈。

奥斯提亚的古罗马厕所，坐式的，雪白的大理石板上挖着圆洞，厕位下是水沟，至今还有小小一股流水，秽物可以随水冲走。

奥斯提亚，还有庞贝和厄尔古兰诺，这些古代城镇的遗址，虽然不过是废墟，却能作为在古代文明生活最直观、最细致、最真实、最生动也最有色彩的见证，这是任何一本历史书都做不到的。作为历史信息的载体，这是20世纪中叶才最后明确的文物古迹的主要价值。而这些完整的聚落，它的各类建筑形成的有机的有内在结构的建筑系统，对应着社会生活的系统，它们所传递的历史信息的全面性和深入程度，又远远超出任何一个单体的文物建筑，这就是"系统大于元素之和"。所以，理所当然，当今国际上文物建筑保护的大趋势是从单体保护进到成片的聚落的保护，并且更进一步还要保护聚落的人为的和自然的环境，因为聚落的生成和发展是和环境分不开的。

奥斯提亚、厄尔古兰诺、庞贝，还有罗马城郊的阿德良离宫，甚至罗马市中心的古代遗迹，如巴拉丁山和共和广场、帝国广场等，都保持着很荒凉的废墟状态，不栽花种草，不修路，只打扫打扫而已，当然

（四）奥斯提亚

还有一些"干预"工作，就是防止进一步破坏。因此，到了这种地方，扑面而来的是两千年跨度的沧桑之感，在历史的动态中，"念天地之悠悠"，追怀前人的业绩，千种思绪，万种感慨，都会涌上心头。那种精神上的、心灵上的体验，虽然因人而异，都是强有力的文化陶冶。我非常感谢，也非常钦佩，意大利人没有用什么"美化"、什么"园林化"、什么"整修"，甚至什么"复原"去干扰它们，既尊重了古人，也尊重了今人，让人们能更自由地驰骋想象。

傍黑回到罗马，一看，卧房门被撬掉，赶紧推门进去，柜子、抽屉都被打开，东西丢了一床、一地。清点了一下，居然什么都没有少。女房东虚惊了一场，打电话找木匠来修。过了一天，她才告诉我，意大利的吉卜赛人都以为中国人有鸦片，这个闯入者显然是为偷鸦片而来的。我想起，确实有两次在公共汽车上有几个面色偏黑的人向我买鸦片，他们大概还记得一百五十年前的事。我那个研习所里的人听说，劝我报警，可以得一笔保险费，所里已经给我们都保了险。我说，既然没有丢东西，就不报了，因为女房东不希望我报。朋友们说我傻，又说，中国人就是高尚。我想说，中国人有高尚的，但也有很卑鄙的。我怕这样的话题万一谈得激烈起来，容易违反出国前"培训"时的教导，就没有吭声。

第三篇

　　托斯干尼（Tuscany）地区在罗马的西北方向。这里古罗马的遗迹保存得不多，现存的城市大部是中世纪晚期和文艺复兴时期的，所以都很完整，庇护着人们安静的生活。它们的建筑、绘画和雕刻中，有许多是任何一本历史书都不能不写，而且不能不当重点来写的。

　　由于房屋维护得都很好，街道整齐，所以走在这些城市里，我们忘记了文物建筑保护这个题目，仿佛只是徜徉在建筑史和美术史的博物馆里，尽情去欣赏，去体验，去享受至上的美，为几十年的向往得以实现而感到幸福。

　　一座座的老城，新区和旧区划分得清清楚楚。旧区都保持着纯净的旧貌，几乎没有不协调的东西掺杂进去，也没喧哗的街市，那古朴的氛围会教人一一想起几百年前安详地生活在小巷里的文化巨星和他们演绎的故事。巨星是豪迈的，故事是慷慨的，源源不断来自世界各地的旅人们充满敬仰之情的记忆是这些城市的骄傲。

第三篇城市位置图

比萨城区地图

（一）比萨　路加

复活节有十天假期，我邀了马丁一起到托斯干尼地区去参观。

天色全黑之后，火车到比萨（Pisa），从沈阳去的老王在月台上迎着我们，乘汽车到他的住处卡斯齐纳（Cascina）。他一个人租着一套住宅，包括三间卧室和一间很宽敞的起居室。房子是新的，装修挺拔而精确。夹板做的门扇，方正平整，严丝合缝，有一种现代机械工艺的美。老王告诉我，比萨是欧洲木器主要产地之一，家具和门窗销遍全欧洲。他是研习金属加工工艺的，注意到这里木器加工的公差竟比沈阳的金属加工的公差都小。这个卡斯齐纳小村子，是家具业的销售中心，有十几个大型的展销馆，全年开放。他建议我好好看一看。

卡斯齐纳村离比萨城大约二十来公里，虽然有一座中世纪的教堂，但村子基本上全是新的，按规划建造，　色的小型低层花园住宅，除了日常生活必需的商业和服务业之外，就只有那些家具展销馆。展销馆都是些宽阔的框架玻璃房子，分隔成小间，布置成卧室和起居室的样子。家具绝大多数古色古香，说得出是哪个时代、哪个地方的款式。好古是当前欧洲的一般潮流。我在罗马，不但见到过仿古家具，还有仿古的灯具、金银餐具和钟表。不过，那些都是高档货，至于大宗货，还是那种体现机械工艺特色的。

从卡斯齐纳进比萨城，一路上都是新造的独家花园住宅，式样千变万化。偶然有几幢两三层的联排住宅，也都像蛇一样自由地曲曲折折，围成大大小小的院落，看来确实很舒适。

比萨城不大，六万人口，倒有四万是大学的学生和教职工。城的南部和南门外火车站一带是新建区，很繁华，两个大商业广场都在这里。一条大街从南门的艾玛努勒二世广场（Piazza Vittorio Emanuele II）出发，微微弯几下，一直穿到北面的路加门（Porta a Lucca）。这条街跨过阿尔诺河（Fiume Arno），桥南头一座方方的两层房子，底层全部敞开作市场，桥北头，是加里波第广场（Piazza Garibaldi），再往北，沿街的左侧有很宽的廊子，迤逦几百米长，右侧有圣米盖勒教堂（S. Michele in Borgo）。这一段街保存着文艺复兴时代的面貌。阿尔诺河从佛罗伦萨（Florence）流来，到西边九点七公里处入海。11世纪，河口的冲积比现在少，比萨离海只有三点二公里。河北部分的中央，有一个三角形广场，叫作骑士广场（Piazza dei Cavalieri），中世纪时是市中心，16至17世纪时，建筑物经过重建，一座教堂和它的钟塔是照瓦萨里（Giorgio Vasari，1511—1574）设计的平面造的。它旁边的骑士府邸（Palazzo della Carovana）的立面是1562年由瓦萨里装饰的，前面有一尊科西莫一世大公（Cosimo I）的石像。另一座13世纪的府邸，也由瓦萨里重建。它的主人和他的孙子们都是被关在监狱里饿死的，这出悲剧被但丁写进了《神曲》。现在，市面已经迁走，广场冷冷清清，一个老头儿正在撒豆子喂鸽子。黑压压一大片鸽子埋住了他。意大利绝大多数的城市，现在的市中心还是原来的，比萨的情况有点特殊，中心移到火车站附近，是便捷的交通夺去了生意。

闻名世界的比萨主教堂（Duomo di Pisa，1063—1092）建筑群也非常特殊。绝大多数意大利城市里，主教堂、洗礼堂（Battistero）和钟塔（Campanile）这三件一套的建筑群都造在热热闹闹的旧市中心，而比萨的却孤零零地在城的西北角，西面和北面紧挨着城墙。这种不寻常的位置，使它便于做总体布局，更加完美地展现。它们和公墓都是洁白的大理石造的，托在鲜绿的一片草地上。从城里的街巷口看过来，建筑群的满城黄墙红瓦的色彩调子中,白色的主教堂、洗礼堂、斜塔建筑群摆在城区的西北角,阿尔诺河打个弯,穿过比萨。

(一)比萨 路加

背景上平平横着一条深赭色的城墙，这重重的一抹颜色，拢紧了整个建筑群，衬托出四座明亮的建筑物，显得格外恬静和素雅。主教堂建筑群远离市中心，远离商业区，通体用白大理石造，在一大片绿茵上，这样的处理在全意大利再也没有第二个。这几座建筑物，高矮肥瘦，长短方圆，变化很大，再配上些轮廓很生动的雕像，还能构成和谐的整体，确实很难得，怪不得有一些人推崇它是意大利最美的建筑群。

我们绕建筑群转了两遭之后，就上斜塔（Torre Pendente，1173—1372）。塔高五十五米，有二百九十四磴石级夹在墙里。人在里面绕圈走，半圈陡，半圈平缓，很明显地感到塔的倾斜。每层的外沿券廊没有栏杆，向外眺望有点儿提心吊胆。好在极顶上有栏杆，可以倚栏悠然眺望全城的景色。这天阳光灿烂，照着满城黄墙红瓦的小房子，深绿的树丛，色彩和体量跟主教堂建筑群那么强烈地对比着，更衬托出纪念物的宏伟壮丽。

斜塔的抢救方案正在世界范围里探讨。我们在罗马访问过文物保护研究中心，听专家介绍情况。同伴质问，为什么不落架重建呢？那位大胡子专家摇着右手食指，也摇着头，说：只有到万不得已的时候才采用这种方法，虽然它可能是最简便的方法。保护文物建筑的基本原则，就是尽一切努力保存原物原状，把损伤降低到最少。落架重建，斜塔就失去了原生态，应该避免。当时有些同伴笑话意大利人太迂，后来，大家都对他们在原则上的一丝不苟产生了敬意。

伽利略（Galileo，1564—1642）在斜塔上做过自由落体试验，又在主教堂里观察过吊灯的摆动。我们从塔上下来，进了主教堂，正赶上听一位导游给人介绍那盏在科学史上不朽的灯。但是老王认为导游错了，应该是讲经台对面的一盏。老王虽然是学机械的，却是我在意大利遇到的中国留学生里对文化胜迹、传统习俗最有兴趣的一位。那些学语言的、学艺术的，反而对这些毫无兴趣，倒是很教我纳闷。

主教堂内部也是十分朴素，显得高旷（一百米长，三十米宽）。但讲经台精雕细刻，在有点冷峻的教堂里很突出。1596年主教堂失火，讲经台砸成了碎块。碎块被小心翼翼保存了整整三百三十年，于1926年把它们拼接复建。这种对文物珍品的敬畏之忱真教人感动。主教堂的正立面，依山墙成形，用连续券做装饰。这种构图不仅在城里的圣米盖勒教堂等的立面上重现，而且在路加（Lucca）、比斯都阿（Pistoia）、普拉多（Prato）、阿瑞卓（Arezzo）这些城市的教堂立面上重现，成了一派，就叫比萨罗曼式（The Pisan Romanesque Style）。因为这几个城市都属以比萨为首府的大主教区。从11世纪起比萨占领过科西嘉岛（Corsica）和撒丁岛（Sardegna），所以这两处也流行比萨罗曼式教堂。

公墓的外观是一带封闭的白石墙，四面的长廊只对长长的内院开大大的哥特式漏窗。白大理石的窗棂，镂刻得那么精巧通透，看了真是吃惊。墓地上的土是13世纪末年用五十三条大船从耶路撒冷的加弗利山运来的，那时十字军正占领着圣城。加弗利山是耶稣基督被钉上十字架的地方。这公墓简直是个美术馆，光是古罗马石棺就摆着一大溜，还有14至15世纪的壁画，可惜1944年被炸掉了不少。古罗马的石棺，在罗马城的博物馆里和圣彼得大教堂的地下墓室里都有。它们大多是艺术精品，用白大理石雕成，除了底面，其余五个面都布满高浮雕，局部做圆雕甚至多层的透雕。构图饱满，形象也很生动。

这个主教堂建筑群，最好的观赏点在它西面的城门，圣玛丽亚门口。从这里望过去，洗礼堂、主教堂和钟塔，先后在三个纵深的层次上。本来，钟塔被主教堂遮挡得多了一点，而它那么一斜，恰好补救了这个缺憾，而且构图反而格外生动。因此就有一种说法：是建筑师发现了塔的位置不太好，施工过程中故意把塔造成斜的，探出上半身来，追求意外的艺术效果。这很可能是胡诌出来的，四千五百五十三吨重的塔，谁敢开这么大个玩笑。

洗礼堂（1153—1400）是座矮矮胖胖的圆筒形建筑物，加上圆滚滚的穹顶，容易显得笨重。幸好14世纪在原来两层罗曼式连续券上加了小山花等哥特式装饰，轻盈精致，轮廓跳动，很巧妙地消除了它可能有的臃肿之感。它的穹顶的表面很奇特，一半是白石的，一半盖着鲜红的

由南偏东方向横向看比萨主教堂建筑群

瓦。人们做过各种解释,不管怎么说,这怪样很美,白色建筑群里这一片红色,显得生气勃勃。而且,似乎是,如果这片红色面积再大一点,就会太抢眼了。

  主教堂、钟塔和洗礼堂的建筑和雕刻工作大多由本城的彼莎诺家族(Pisano)的成员陆续创作,但主教堂的主建筑师却是部谢多(Buscheto)和雷那尔多(Rainaldo)。部谢多的墓就镶在主教堂正面偏左的墙上,很显赫。意大利人在欧洲建筑史里占了大约一半的篇幅,肯定和他们普遍敬重创作者的传统有很大的关系。

  中世纪时,意大利分裂成许多城市国家,11至13世纪,比萨是地中海上的贸易强国,有自己的海军,领土也很广阔。主教堂建筑群就是为纪念它打败阿拉伯人,夺回西西里首府巴勒摩城(Palermo)而建造的,它是比萨富有而强大的历史见证,但使它不朽的,却是它的艺术成就和文化蕴含。主教堂建筑群南边以马路为界,路南一溜几百米都是卖纪念圣玛丽亚·德拉·斯比纳教堂，一座很特别的迷你型教堂，倒像一个精致的首饰盒。

品的小店和小摊，打扮得红红绿绿，十分鲜艳，像一条彩带，对照着绿色草地和白色建筑物，非常动人。而马路之北，干干净净，绝没有售纪念品或者冷饮小吃之类的活动。在意大利和法国，商业和饮食业不得侵入名胜古迹，这是一条极好的规矩。

离开主教堂建筑群，我们又看了阿尔诺河边的圣玛丽亚·德拉·斯比纳教堂（S. M. della Spina）。教堂很小，却很特别，正面两个山墙并列，都有门，背面是二座尖塔式的顶子。侧面檐头一排玲珑的龛，里面立着雕像。整个教堂不像建筑物，倒像一个精致的首饰盒，就是大了一点。

大致看完比萨之后，我提议到路加去。马丁问：那是个什么鬼地方？我说，去罢，你不会后悔的。老王一拍手，说：舍命陪君子，我跟你去。于是乘公共汽车，翻过一座小山，半小时，走了二十二公里，就到了路加。

路加在古罗马时是一座军营城。11世纪，成立自治公社，曾经被比萨统治。1369年出一大笔款子赎回独立主权，一直享受着和平、繁荣的日子。

路加城很小，城墙造于16至17世纪，是大量使用火器后城防技术的代表。墙厚二十多米，内外表面都用红砖砌，上面可以驻军、架大炮。周围有十个三角形的凸碉，尖角向前。因此，全部城墙的外表面，包括凸碉的两个斜边在内，都在守城火器保护之下。墙外还有护壕。古罗马城的城墙只适应冷兵器时代，薄薄一片，上面不能驻军，墙外侧也没有保护。现在，路加城的城墙完整无缺，上面种满了树，是极好的环城绿带。城里的建筑物，除钟塔和教堂之外，都低于城墙，在墙上可以俯瞰全城。城外，离墙一百多米的范围里不许兴建，而一百多米外的也都是些小小的平房。这道城墙，是意大利重要的文物，加意保护。回想梁思成先生曾经建议把老北京城墙改造成环城公园，一方面敬佩他的识见，一方面又为这些年来中国知识分子各种有价值的建议所遭受的厄运，感到悲凉。

整个路加城，大多数是中世纪和文艺复兴时期的房屋。近世的房屋虽然也有，但规模小，也用黄墙红瓦，所以全城还是很统一。城里，教堂多，府邸也多，两者都可能有塔，所以塔更多。曲曲折折的小巷子里，三转两拐，抬头常常能见到古气盎然的塔，高高耸出，有些塔顶还长着茂盛的老树，街景很吸引人。南边的一条新街，加里波第街（Corso Garibaldi），种玉兰花为行道树，正在盛开，雪白一片，实在好看。拿破仑广场（Piazza Napoleone）上，则是五色鲜花。拿破仑的妹妹艾丽莎（Elisa Baciocchi）和她的丈夫在1805年统治过路加。她保护文学艺术，修建广场道路，清除四乡盗匪，做了许多事业，这个拿破仑广场就是她亲自规划的。她姐姐宝丽娜，是波尔基斯夫人，罗马的波尔基斯府邸（Palazzo Borghese）里有她的全身半偎石雕像，是世界名作。宝丽娜后来逃亡到路加，投奔妹妹，死在郊区别墅里。

城中央的圣米盖勒教堂是地道的比萨罗曼式,华丽超过比萨主教堂,立面上小券廊的柱子,什么样的都有,圆的、八角的、绞绳式的、麻花式的、串珠式的,五花八门,有的还有镶嵌。路加最著名的人物——音乐家普契尼(Giacomo Puccini, 1858—1924)就出生在教堂附近。

    路加的主教堂(Duomo di Lucca)和城中央的圣米盖勒教堂(S. Michele in Foro, 1143)都是比萨罗曼式的。后者尤其地道,华丽超过比萨主教堂,立面上小券廊的柱子,什么样的都有,圆的、八角的、绞绳式的、麻花式的、串珠式的,五花八门,有的还有镶嵌。罗马大学的鲁奇迪教授告诉过我,10世纪时,在原有的圣米盖勒的像旁边,又加上了意大利独立英雄加里波第、加孚尔(Camillo Benso di Cavour, 1810—1861)和支持过独立斗争的法国拿破仑第三的半身像,那是个可怕的破坏。我们三个人张望了半天,没有见到这三个半身像。老王想去问一问人,我说,不必了,我们有心找都找不到,那三尊像的破坏性太有限了,何必去自寻烦恼。

    城的偏北处有古罗马的角斗场,还剩下外层的一圈墙基,断断续续，一些小房子的墙压在这圈墙基上，循角斗场外廓围成一个椭圆形广场（Anfiteatro Romano），现在是市场，每天上午摊贩林立，中午就全部撤光。我们到的时候，工人们正在打扫。

这个椭圆形市场的西南，有一条很窄的老街（Via Fillungo），长不到半公里，两侧密排着小店铺。我们当初没有在意，走着走着，发觉铺面的设计水平很高，各种风格，各种手法，千变万化，争奇斗巧，而都十分高雅，没有市井俗气。我说，把这些铺面编成图册，简直是极好的建筑参考书。马丁连声地说，这些店老板怎么有这么高的修养和技巧。正在议论，旁边的游客告诉我们，原来这条街世界闻名，是意大利的旅游点之一，它其实就是个铺面艺术展览会。这倒是个别出心裁的旅游区，我们于是又重新走了一遍，越看越迷。

看完之后，我问马丁，该不该来。他说，太好了，太好了。老王说下次还要再来。

意大利的旅游业十分发达，总收入快要赶上工业产值，但不论古迹还是现代的旅游点，毫无例外，都以很高的文化价值吸引人，不搞粗鄙俚俗的，也不搞商业化。连这条古老的商业街，也成了高品位的工艺美术馆，这真叫我欣喜。在意大利，除了极少数几个地方，都不见设卡卖票硬赚旅游者的钱，它只以自己的创造力吸引各国的人来观光，来了，就要食宿交通，花钱，自然就会提供就业机会，这就是旅游业的经济收入。政府则通过税收获得保护文物的经费。

（二）佛罗伦萨

在佛罗伦萨，我的心一直兴奋着，充满着幸福的感情。建筑史、美术史、文学史上那么多不朽的天才，在这个小小的城市里留下了最辉煌的作品。走在街上，那些影响过世界文明的文物胜迹，一个挨着一个，历史在这里闪烁着光芒。我记得，有人把文艺复兴的巨人比作天上灿烂的群星，于是，我想起万里外祖国的一个地名，星宿海！佛罗伦萨真是星宿的海洋。星宿海的水，流进黄河，滋润过中华民族的古老文化；佛罗伦萨的巨人们，对全世界的文化做出了那么大的贡献！发生在这个小小城市里的文化奇迹，到现在还使它的居民们感到骄傲。他们的口音是意大利语的标准，这是但丁的口音，你懂不懂！

成千上万的旅游者，从世界各地来到这里。白发的老夫老妻，牵着手慢慢地走，在乌菲斯博物馆（Galleria degli Uffizi）里细细品味无价的藏品，或者在圣克洛齐教堂（S. Croce, 1294兴建）里，辨认铺在地面的二百七十六块墓碑上的拉丁文。小青年们成群结队，背着行李包，一个人高声读着旅游指南，别的人跟着，听着，从一处跑到另一处，站在大卫像前面惊讶得张开了嘴。

不知什么时候读过的历史、传记、小说等，早就以为忘记得一干二净了，不料在阴暗狭窄的小巷里，在喷泉飞进的广场上，却一下子都记了起来。也许就在这个台阶前面，达·芬奇（Leonardo da Vinci,

主教堂饱满的穹顶跟瘦高的钟塔,挺立在低矮的赭红色城市之上,构成很有特色的轮廓线,它是市民政治胜利的标志,是他们的骄傲。

1452—1519）跟米开朗琪罗交换过钦佩而又戒备的眼光；也许在这个街角，且里尼（Benvenuto Cellini, 1500—1571）拔出佩刀跟人生死相搏。我仿佛看见了活生生的星辰，感到了比在欣赏他们的作品时更加强烈的激动。我踏着小梯子攀登主教堂（Duomo di Firenze）的穹顶时，见到一个采光口的侧壁上有一块玻璃板，看一看说明，原来压在它下面的淡淡的炭笔题字，竟是"拉斐尔到此一游"。我快活得叫了起来，这位艺术殿堂里的尊神，也像平凡的我们一样，年轻时不免要做一点淘气的事。而我，此时此刻却正踏在他的足迹上。

  从比萨乘火车到佛罗伦萨只要半小时，一出站，过广场就到新玛丽亚教堂（Santa Maria Novella），向左拐进一个街口，是圣劳伦佐教堂（San Lorenzo），隔街对着美迪奇府邸（Palazzo Medici Riccardi）。美迪奇府邸前的大街，一头通主教堂广场，一头通美术学院陈列馆（Galleria dell'Accademia）。陈列馆跟安农齐阿广场（Piazza Ss. Annunziata）挨着，从广场笔直就能到主教堂的后身。主教堂前面，南侧又一条笔直的街，到头是市政广场（Piazza della Signoria）。半路上向西拐，到斯特洛兹府邸（Palazzo Strozzi）；向东一拐，到巴格洛美术馆（Museo Nazionale del Bargello）。从市政广场穿过乌菲斯博物馆的院子，向西过密排着珠宝店的老桥（Ponte Vecchio）不远便是庇第府邸（Palazzo Pitti）；向东再左拐是圣克洛齐教堂。教堂对岸，上山坡到米开朗琪罗广场（Piazzale Michelangiolo），这广场因1529年米开朗琪罗住过而得名。走上它南头一道台阶，就到了圣米尼阿多教堂（S. Miniato al Monte）。那儿有个人公墓，立着许多雕像。所有这些在文化史上地位显赫的胜迹，相距那么近，步行才几分钟。三天的时间里，我们东奔西跑。兴奋得没有吃午餐，却不觉得饿。

  多么幸福的人也免不了要闹点思想斗争，面对着这些梦想了多少年的文化至宝，我不得不对马丁说，如果痛痛快快地看，大约十天半月回不了罗马，咱们还是以看建筑为主罢。马丁回答：我们可以设想雕刻和绘画都是伊甸园的禁果，动不得的！

虽然这么说，我们还是早早就来到美术学院陈列馆。陈列馆九点开门，八点多，门前就排起了长队，人们说着各种语言，耐心等待。这是我在意大利经历过的唯一一次排队，而且排得那么长、那么久。开馆了，人们鱼贯而进，我们来到了米开朗琪罗的大卫像前。这像本来是放在市政厅门前的，为了保护，专门为它造了这个圆厅，搬了过来，原地放了个复制品。陈列馆里水泄不通，但是悄静无声，只听见人们轻轻地呼吸。几个月前，我初到罗马，第一天参观的就是摩西像，他的智慧和勇气，使我心里充满了尊敬。而在大卫忧愤的眉眼间，我又见到了十分熟悉的、十年苦难期间一切热爱人民的朋友们的焦虑和不安。出了陈列馆，马丁见了我脸上的眼泪，很不理解，只轻轻地说：呀，太动人了，太动人了。

米开朗琪罗设计的美迪奇家庙（Cappelle Medicee），就在圣劳伦佐教堂里。过去见到一些用广角镜头拍摄的照片，误以为它有点松散，并不喜欢。身临其境，才知道它原来很紧凑，比例严谨自不必说了，小小一间殿堂，居然那么雄壮有力。雕刻跟建筑的配合恰到好处。虽然是一个没有完成的作品，就叫人相信它一定完美无比。在下首一侧的墙上，挂着刚刚从地下室发现的米开朗琪罗的草图，原来是画在墙上的，展出的一块墙皮是件复制品。他随手勾了几笔，长长的线条，准确而熟练。1529年，教皇大军围攻佛罗伦萨时，米开朗琪罗是守城司令。城破之后，他一度藏匿在这地下室里，草图就是那时画的。

圣劳伦佐教堂还有米开朗琪罗的另一个建筑作品，劳伦齐阿图书馆（Biblioteca Laurenziana）和它的门厅。我们找了很久，找不到。问一个教士，才知道要从修道院里进去，而且正在修缮，不开放。我对他说，我从中国来一趟很不容易，希望他能破例让我看一眼。他笑眯眯把我带去，原来入口在一个极冷僻的暗角落里。门厅没有照明，稀稀拉拉架着几根脚手钢管，台阶上盖着橡皮垫子，都是为施工用的，很妨碍我们的参观，但我们还是被这个出色的作品感动了。大致十米见方的门厅，处理得那么丰满，真可以说密不容针，但仍然从容不迫。

米开朗琪罗设计的美迪奇家庙内景,雕刻跟建筑的配合恰到好处。图中左侧是朱利亚诺·美迪奇之墓,两名侍者分别代表白天与黑夜,墓主人被描绘成一个实干家;右侧是劳伦佐·美迪奇之墓,两边的侍者代表黎明与黄昏,墓主人被描绘成一个思想家。

　　米开朗琪罗是第一个充分发挥室内大台阶的装饰效果的人。意大利有一些中世纪教堂的祭台前有堂皇的大台阶,一般设在两侧,虽然使室内敞朗,空间富有变化,但并没有充分发挥它们本身的装饰作用。在世俗建筑物里,到16世纪,楼梯已经开始成为重点装饰部位,但它本身的装饰潜力还是没有受到足够的重视,封闭在楼梯间里。劳伦齐阿图书馆门厅里的这座台阶,在楼梯的建筑艺术上起了开辟性的作用。至于它对开阔视野、活跃思想所起的作用恐怕就不止于楼梯的设计了。一个作品要不朽,必须具备这样的作用,仅仅艺术的完美是不够的。

　　美迪奇家庙和劳伦齐阿图书馆门厅,柱式的构图都比较自由。米开朗琪罗确实不是一个可以用烦琐的教条框住的人,柱子在古罗马时候就不一定是结构构件,常常只是一种有效的装饰品而已,因此,结构逻劳伦齐阿图书馆门厅里的台阶。米开朗琪罗是第一个充分发挥室内大台阶的装饰效果的人，他设计的这个作品在建筑艺术上的多方面是开辟性的。

辑就渐渐不很严谨。中世纪时更加随便。文艺复兴初期，勃鲁乃列斯基（Filippo Brunelleschi，1377—1446）和阿尔伯蒂（Leon Battista Alberti，1404—1472）力求恢复古典柱式的结构逻辑，伯拉孟特和维尼奥拉（Giacomo Barozzi da Vignola，1507—1573）继承这项工作。但是，米开朗琪罗，作为一个雕刻家，一个极富有独创精神的天才，直截了当地把本来已经变为装饰品的柱子索性真正当作装饰品来使用，着眼于艺术表现，而不太计较结构逻辑。所以，他被认为是手法主义的开创者。后来巴洛克的建筑师，也说他们师承的是米开朗琪罗。这样使用柱式，未尝不可以说是一种坦率，一解摆脱自欺欺人的假结构逻辑的解放，似乎无可指摘。

佛罗伦萨的主教堂、洗礼堂和钟塔这一组建筑群，跟比萨的恰恰相反，被紧紧包围在市场中心，没有任何一个位置可以同时鉴赏这三座建筑物，也没有任何一个位置可以看到主教堂的整体。主教堂的正门和钟塔只是广场的一个界面，洗礼堂倒是在广场正中，可是它把广场切割成更小的两部分，以至人们一直要走进广场，抬起头来，才能看清主教堂的立面。那个著名的穹顶是看不到的，要绕到它后身，到东南和东北两个街口去看才成。广场和周围的街道，密密排着各色店铺，人来人往，非常繁华热闹。所以，这组建筑群不像比萨的那样仿佛是专供人欣赏的陈列品，而是高高兴兴地挤在市民日常生活的旋涡之中。1296年开始建造这主教堂的时候，市民们正陶醉于从贵族手中夺回政权的胜利，他们就是为了庆祝胜利而建造这主教堂的。这主教堂的立面，在1588年被毁，19世纪后半叶重建，大体忠实于原状。它贴满了彩色的大理石，白色为主，除了框边的墨绿色之外，还有红的、黄的、赭的、粉的，再加上一排雕像。这主教堂的性格热情而欢乐，凝结着佛罗伦萨市民兴高采烈的情绪。

主教堂建筑群在市中心，环境拥挤，街道从四面八方奔来，从任何一个角度都不能把建筑或者主教堂看全，倒并不觉得是缺点。相反，各个角度的景观差别很大，要绕一圈才能得到完全的印象，也别有一种趣味。这教我想起法西斯头子墨索里尼的命令，他要求把罗马城里的重要古迹都"亮出来"，也就是把周围可能阻碍视线的所有建筑都拆光，把古迹孤零零地放在一片广场或绿地中央供着，完全破坏了古迹和环境的原有关系，歪曲了历史信息。可怪，在我们国家里却相当普遍地采用这种"保护"古建筑的方法，以至研究所里年轻朋友们挖苦"法西斯式保护法"时，我总抑制不住面红耳赤。

主教堂的穹顶最高处是一百零六米。顺楼梯先到鼓座的底脚，有一条环形的走廊在檐口上。然后就钻进穹顶两层砌体之间的空隙里，绕着穹顶往上走，可以见到它竖向的骨架券和水平的联系券。最后爬上一段垂直的铁梯，就到穹顶上的采光亭里。一共四百六十三级，脚下的高度是九十一米。亭子里相当宽敞，因为没有电梯，上去的人不多。这天风和日丽，我们从容辨认着全城一处处的胜迹，心情愉快极了。我们见到的不仅仅是佛罗伦萨，我们读到了文化史，读到了文化史极辉煌的一页。下了穹顶，我又要上钟塔，马丁劝我，明天再说罢。我不肯，说，万一明天刮风下雨呢？他没有话说，于是，我们又上塔。这塔是乔托设计的，完成于14世纪。这回是四百一十四级，八十四米高，可惜，除了能面对面看一看穹顶上采光亭之外，没有什么新的景致。马丁说，要不是跟着你这个拼命的老头儿，我自己还没有勇气上去呐。

主教堂是世界最大的基督教堂之一，穹顶的直径达到四十二点二米，仅次于罗马的万神庙，是世界第二大穹顶，比圣彼得大教堂的还大零点三米。主教堂内部很高敞，但光线很暗。小小的彩色玻璃窗，在一片漆黑的反衬下，像深夜里的花灯，闪烁着神秘的气息。这主教堂造在一个5至6世纪的老教堂基址上，有一个小楼梯可以下到成为它的地下室的废墟里去。主教堂的设计人兼工程主持人勃鲁乃列斯基的墓就在小楼梯脚下。他在竞标承建这个主教堂的穹顶的时候，曾经跟来自好几个国家的对手打赌，看谁能把鸡蛋在光滑的大理石桌面上立起来。对手们都失败了，他却从容地把蛋一磕，破了，也就立住了。他的聪明压过了对手，终于获得了委任。后来经历千辛万苦，战胜各种阻挠，花了十四年时间，在1434年把它建成。这是人类历史上的奇迹之一，它当之无愧地成了光辉灿烂的文艺复兴时代的第一朵报春花。这位伟大的天才建筑师作为佛罗伦萨的光荣，安眠在主教堂里，也是当之无愧的。传记作家、杰出的建筑师瓦萨里写道："他理应获得人间不朽的声名和天国里安息的处所。他的去世，引起了全国极大的悲痛；他死后，国人对他的认识和评价更胜于他的生时。他们以隆重的葬仪将他葬在圣玛丽亚主教堂（即佛罗伦萨主教堂）里……在布道台之下，对着大门。"可惜，作为佛罗伦萨的荣誉市民，遗憾的是，他的墓前有点清冷。而且近年来扩大发掘了老教堂遗址，以致差不多把主教堂的穹顶,直径四十二点二米,世界第二大,八根肋是白石的,其间的蹼是红砖的,色彩很亮丽。

主教堂穹顶上的采光亭,全用白大理石做,重达八十吨。

主教堂的地下掏空了,他的墓更觉得孤独。

勃鲁乃列斯基主持了主教堂宏伟的穹顶工程,他的建筑风格其实倒是以灵秀见长的。安农齐阿广场上育婴堂(Spedale degli Innocenti, 1419—1445)的券廊、圣劳伦佐教堂的修道院院子和圣克洛齐教堂修道院院子,风格都很清丽。圣克洛齐修道院院子里的巴齐礼拜堂(Cappella dei Pazzi,14世纪),因为修理内部,我们没能进去。1966年,佛罗伦萨的阿尔诺河曾经闹过水灾,圣克洛齐教堂里水深三米,修道院院子里水深五米,有一些文物损失了。巴齐礼拜堂的修缮就跟那次遭淹有关。我们提起脚跟,歪着脖子,从院子的花格栅栏铁门的缝隙里往里看,正对着礼拜堂的立面,它的秀丽,它和修道院的相似和谐,它在教堂和修道院之间的呼应过渡作用,是那么精彩,把我们牢牢吸住在铁门上,我们终于也能理解,为什么不大的一个礼拜堂能在建筑史里那么牢固地占一

(二)佛罗伦萨

席之地。

圣克洛齐教堂属圣芳济会（S. Francesco），完成于14世纪下半叶，是标准的佛罗伦萨哥特式的，用尖券和肋架券，圣坛后面大片的彩色玻璃窗。但大厅里开间宽，柱间大，像主教堂那么空阔，完全不同于法国哥特式教堂那样形成纵向的空间。南边侧廊里有米开朗琪罗的墓，斜对面，北边侧廊有伽利略的墓。这两位巨人安息在一起，真叫我们心潮澎湃。大概由于自然科学跟造型艺术的发展规律不同，伽利略的墓已经有点冷落，而米开朗琪罗的墓却像一个圣地。

巴齐礼拜堂

对米开朗琪罗的崇拜在罗马和佛罗伦萨都很强烈。我在意大利半年多，没有听人说起过他们的总统和总理，也没有听人说起过教皇。但是几乎不论走到哪里，都可以感觉到对米开朗琪罗的热烈崇拜。他是神。有一天晚上我应邀到罗马大学美术史教授马奇尔达家去，看到一屋子各种现代流派的美术品，包括用玻璃盒子装着的一节烂得千疮百孔的洋铁皮烟筒，上面撒几片枯树叶。教授问我：怎么样？我说，我更尊重的还是米开朗琪罗。马奇尔达耸耸肩膀，鼻子里冷笑一声，站起来，学着大卫像的姿势和表情，撇一撇嘴，说："装腔作势，好在哪里？"现代派的艺术尽管有它的爱好者，但要因此否定过去的伟大作品，那是办不到的。谁否定，谁就要出乖露丑。马奇尔达的研究生青采，见到老师失

安农齐阿广场上育婴堂券廊

态,很不安,悄悄对我说:"Terrible!"我倒很开心,哈哈大笑!

美迪奇府邸、斯特洛兹府邸和庇第府邸,立面用大块毛石,学的是旧市政厅大厦(Palazzo Vecchio, 1299—1314),风格跟勃鲁乃列斯基的大相反背。虽然不像照片上见到的那样威风,那样有压力,但是毕竟尺度太大,构图太板,沉重得过分。但这些府邸内部却是另一番趣味,装饰很精致豪华。其中最突出的是旧市政厅大厦,几个很空阔的大厅,满顶满墙的名家壁画,框着金色的边饰,堂皇富丽,再也没有外面那种粗犷的格调,不过仍然有 种由豪华产生的威严气氛。可惜里面正在筹备一个纪念达·芬奇的展览,只能在各个大厅的门口看看。

在意大利参观,一个最突出的印象,就是室内空间艺术比过去所知道的水平要高得多。各城市的各时代的建筑里,厅堂的高敞、材料的贵重、工艺的精致、装饰的辉煌,都远远超过想象。而且,壁画、雕刻和美工通常出自大师之手。所以,教堂和府邸,不但构成了建筑史,而且几乎构成了整部美术史,除了民俗艺术之外。那天,我们参观斯特洛兹府邸，正赶上里面举办毕加索作品展览，据说是收罗最全的一次，但门可罗雀，见不到什么人进去。

佛罗伦萨的市政广场闻名世界，但它的精华只在南面，其余几面都很杂乱。尤其是西南，一幢19世纪末的府邸，又高又大，呆板的一块，颜色阴沉得很。科西莫一世大公的骑马像，虽然常常有人分析它在广场中的构图关系，其实并不见佳。如果我不指出来，马丁甚至都没有看到它。南边，旧市政厅、兰奇敞廊（Loggia dei Lanzi）和乃普顿喷泉（Neptune Fountain）这一组，那确实很精彩。上面凌空九十四米高的旧市政厅钟塔；中间是市政厅粗犷沉重的大毛石墙对着大发券透空的兰奇敞廊；下面大量雕刻成群，它们或者被毛石墙衬着，或者被发券笼着。乃普顿喷泉的水高高张起白幕，随风一忽儿向北摆，一忽儿向东摆，把湿雾飘洒得老远。市政厅的门口站立着大卫像的复制品，尽管复制得很精确，因为毕竟不是原作，没有见到有人在观赏。比起大卫像原作前，千百人屏气静息，那种朝圣般的气氛，真是天上地下。假的就是假的，以为过二百年假的也会成为文物，真是太无知了。

这一组建筑物，因为有了乌菲斯府邸而更加变化多姿。乌菲斯府邸的设计实在很聪明，建筑师瓦萨里给了它一个敞口的长长的内院，像一条街，这就给市政厅、兰奇敞廊和乃普顿喷泉增加了一个新的观赏角度，甚至是最好的角度。瓦萨里并没有让乌菲斯府邸跟旧市政厅和敞廊形似或者神似，无论是风格还是体形，它跟旧市政厅和敞廊都是强烈对比着的。但它们却能统一成完整的构图。乌菲斯内院街的另一头，出券廊就是阿尔诺河，岸边可以见到著名的老桥。

19世纪末，在乌菲斯府邸院子里券廊跟前立了托斯干尼地区伟大人物的雕像，其中一个就是建筑学家阿尔伯蒂。意大利自古以来尊重建筑师，许多城市有它的重要建筑师的纪念像，保护着他们的故居，用他们的名字给广场或者街道命名。比萨主教堂的第一个建筑师的坟就造在它的正立面上，左侧。阿尔伯蒂在佛罗伦萨得到比勃鲁乃列斯基更大的荣誉，大概因为他是个人文主义知识分子，古典学者，地道的贵族出身。

圣米尼阿多教堂，建于11至13世纪，它被认为是意大利最美的教堂之一，屹立在浓绿的山坡上，十分清秀。

圣坛前沿突出的讲经台和两侧的屏风都是大理石的，用各种颜色的小块大理石镶嵌成极细巧的图案，工艺水平之精实在罕见，这是13世纪的作品。

如果勃鲁乃列斯基由于出身行会工匠而没有立像,这可是不大公平。

虽然有约在先,我们还是按捺不住,走进了乌菲斯府邸,它是闻名世界的美术馆,早期文艺复兴的大师波提切利(Sandro Botticelli, 1445—1510)的杰作《维纳斯的诞生》和《春》都陈列在那里,不过它们的颜色已经很晦暗,远没有印刷品那么鲜亮。我们匆匆绕了一圈赶快就出来了,走向老桥。老桥不远是庇第府邸,它在意大利独立之初当过王宫,那样子也是王家气派,没有文艺复兴建筑应有的那种人文气息。我们都不喜欢。它最有价值的是内部的壁画,都是美术史的名作。可惜我们来不及细看,按事先的约定,匆匆穿过,去看它的花园。花园是科西莫·美迪奇大公(Cosimo de' Medici, 1519—1574)买下庇第府邸后建造的,花园很大,有三十公顷,大公常常在这里举行节庆狂欢,全城的人都会来参加,看焰火。但它以一个穷困的牧羊人的名字命名,叫包勃利花园(Giardino di Boboli),因这个山坡本来是包勃利的,大公夫人为了造花园把他迫害死了。屈死的牧羊人的鬼魂经常回来,哭泣、叹息、唱伤心的歌,因此佛罗伦萨人一直把这花园叫包勃利花园,花园也不见精彩,只是可以远眺佛罗伦萨全景,景色很好。

我们在佛罗伦萨的最后一个节目,是参观阿尔诺河南岸小山上的米开朗琪罗广场和圣米尼阿多教堂。顺上坡路走到米开朗琪罗广场,这里俯瞰佛罗伦萨全城,比庇第府邸的包勃利花园后面山上贝勒维代堡垒(Forte di S. Giorgio in Belvedere)前还要好。主教堂饱满的穹顶跟瘦高的钟塔在一起,昂然挺立在低矮的赭红色城市之上,构成很有特色的轮廓线。意大利所有的历史文化名城,除了热那亚、那不勒斯和米兰等少数几个之外,都一律不建高楼大厦。老房子大多小而低矮,把大型纪念物衬托出来,轮廓非常优美。保护轮廓,是保护历史名城的要点之一。不过晚期文艺复兴的建筑师瓦萨里,在他写的勃鲁乃列斯基传记里说,主教堂的成就如此伟大,惹起了上帝的嫉妒,一次又一次地用雷电轰击它。从山上所见的这个轮廓来看,主教堂的大穹顶正是雷击的靶子。

圣米尼阿多教堂使我们意外地欢喜。这是一座罗曼式教堂,山墙式意大利的城镇乡村里，公墓是最富有感情色彩的地方，洋溢着永远牵动人心的悼念气氛，那么温柔而忧郁。

立面，用浅雕式的连续券做装饰，比例很和谐。白色大理石加上暗绿色大理石的格子，没有别的装饰；细节雅致，素净纯真，使整个简朴的立面显得高贵起来。里面的圣坛部分高出大厅地面，从两侧的楼梯上去。从中央宽阔的台阶则可以下到半地下的墓室，那里放着殉道者的石棺。圣坛前沿突出一个讲经台。它和两侧的屏风都是大理石做的，镶嵌着极细巧的彩色马赛克图案，工艺水平之精实在罕见。地面的马赛克水平也很高。

意大利中世纪的教堂，圣坛下一般都是殉道者、圣徒或者平信徒的墓室。这部分做成开敞的两层的倒也不少见，罗马的圣玛丽亚·特拉斯特维勒教堂和城墙外的圣劳伦佐教堂都是这样的，但圣米尼阿多教堂的处理最能显出墓室空间的开阔变化。至于大多数教堂，墓室只不过是圣坛下阴暗的洞窟而已。美术史家罗贝多带我去参观过他正在主持发掘的罗马城里的一所小教堂的墓室，从祭坛前一个井口爬下去，略有几处曲折，骷髅骨殖大筐大筐装着，准备往外抬。

圣米尼阿多教堂周围是佛罗伦萨最大的公墓。意大利的城镇乡村里，公墓是最富有感情色彩的地方，洋溢着永远牵动人心的悼念气氛，那么温柔而忧郁。罗马的公墓，树木茂密，四时鲜花不绝，点缀着雕像，是我最爱去散步的地方。佛罗伦萨的这一处，没有什么树木，但雕像多而精致，又是另一种情调。那些雕像虽然不过出自殡仪馆，但艺术水平也不弱，我去的时候，遇见一位北京中央美术学院的雕塑系教师，他在那里已经观摩速写了几天。

从圣米尼阿多教堂到火车站，再过一次老桥。它造于14世纪，从16世纪起，桥上靠边开了两排首饰店，几百年来，它一直是欧洲重要的首饰市场之一。首饰店挑出在桥上，像鸟笼，也是重要的景致。在不少城市都可以见到居民自己搭的小阁子挂出在厚重的古建筑上，现在都妥善地保护着，不拆，它们散发着饱满的生活气息，记录着世事的沧桑。

火车开动，马丁抬抬手，说，再见，佛罗伦萨。我说，你也许能再来，而我，这就是永别了。他赶紧安慰我说，你不要那么悲观嘛！我苦笑，死死地盯住主教堂的穹顶看。十多年来的记忆，在心里不知搅出了什么滋味。

（三）锡耶纳

意大利的城市很密，一些曾经是政治中心和文化中心的历史名城，相距不过几十公里。可是这区区几十公里，就使这些城市的建筑大不相同。佛罗伦萨跟比萨差别很大，向南到了锡耶纳，又是另一种样子。

锡耶纳很小，据说历史很古老，它的奠基人是罗马城的奠基人罗慕路斯（Romulus）的兄弟、一起由母狼奶活的瑞慕斯（Remus）的两个儿子。所以这城市也用那头母狼作徽记，跟罗马城一样。12世纪它成立共和国，商业和银行业很繁荣，为保卫独立，不断进行艰苦的甚至悲壮的战争。主要的对手是佛罗伦萨，1559年，被佛罗伦萨吞并。它出过圣徒、教皇，也出过杰出的艺术家。文艺复兴著名的建筑师兼画家彼鲁齐（Baldassarre Peruzzi，1481—1536）就是锡耶纳人。锡耶纳有很多教堂和府邸，不少是彼鲁齐设计的，城的西南角有一条弧形的街就以他的名字命名。

整个中世纪，意大利北部和中部战乱不断，所以城市都重视防御，有些城市本来就从军事要塞发展而成，它们大多据险而建。锡耶纳这座小城造在三个小山冈上，以三条山脊的交点为市中心，它东边是市政广场，西边是主教堂。

我们下了火车，上山坡到了最北端的迦莫利亚门（Porta Camollia）。门上刻着一行拉丁文，马丁给我翻译，写的是："锡耶纳对您竭诚相待。"城门上刻这样的话，真可谓化干戈为玉帛了。一进门，循着沿山脊从北到南纵贯全城的小街走。这是一条中世纪的街，两边大多是些哥特式的小房子，教堂也是小小的，简简单单一个山墙，用粗糙的石头砌筑，没有装饰，十分古朴。街的中段有一个方正的广场，叫萨林伯尼广场（Piazza Salimbeni），正面是14世纪的哥特式府邸，右面是15世纪的文艺复兴府邸，很像佛罗伦萨的斯特洛兹府邸，左面是16世纪的府邸。前面不远，对着一个小一点的广场，又有一座13世纪初年的府邸。这些府邸的质量都相当高，但我们没有停留，直奔那个远远就望见了的市政厅钟塔。

　　小街转一个弯，来到一处很热闹的古风市场。一条窄窄的小巷向左岔出去，下十几步台阶，不远是个券洞。走出券洞，一片明亮，揉揉眼睛，睁开一看，这就是市政广场（Piazza del Campo），对面立着早就熟悉了的市政厅（Palazzo Pubblico, 1297—1310）和钟塔（Torre di Mangia）。广场这边弧形界面上密排着餐厅、酒吧、咖啡馆，房屋是土红、土黄、赭石等颜色的，很浓重。

　　广场背靠着三条山脊的交点，窝在两个山坡之间圈椅般的凹处，这里本来是古罗马时代的一个广场。它顺势而下，很像个古希腊的剧场。它朝向东南，整个扇贝形的斜面迎着阳光，钟塔投下的细长的影子，在地上缓缓移动，就像日晷。许多游客脱光衣服，像在海滩上一样躺在广场里晒太阳。年纪大一点的，坐在五颜六色的阳伞下喝啤酒。西方人很爱晒太阳，我元旦日到罗马的卡比多广场，就看到一些小伙子赤着毛茸茸的身子坐在台阶上晒，他们的女伴穿着狐皮大衣陪在旁边。天气暖和一点，连女青年们也在周末把脸上晒得一片片地脱皮。

　　有十一条小巷子通向市政广场。我们绕广场一周，从所有的小巷子口欣赏它。巷子转弯抹角从城市的四面八方过来，很窄，没有阳光，两边拥挤着阴暗的小屋。骤然走进广场，那个感觉或许可以比之于涸辙之鲋挣扎到了江湖。广场的构图充满了对比，市政厅跟钟塔之间，以及它们跟北边弧形立面之间的对比都很强烈。佛罗伦萨的市政广场、维晋寨褐色的锡耶纳,市政广场和主教堂广场。

的市政广场、威尼斯的圣马可广场等许多广场最基本的特点也是对比强烈。我们讲新旧建筑之间的关系,总喜欢强调用形似或者神似去统一,其实,用对比去求统一倒更是个合乎实际的办法。

市政厅是13世纪末、14世纪初的建筑物,外观有点简陋,只有门廊精致而且华丽,是为纪念锡耶纳1348年度过一场大瘟疫而建造的。早在1230年,佛罗伦萨军队围攻锡耶纳,就曾故意把死牲口和粪便丢进城墙,制造过一场瘟疫。1260年,佛罗伦萨人又来围城,锡耶纳人把城献给了圣母,几天之后便把佛罗伦萨人杀得血流成河,解了围。后来圣母又为锡耶纳解除了瘟疫。所以,每年7月2日和8月16日两次广场上为圣母举行盛大的感恩仪典。这门廊就是检阅台,游行队伍和赛马都在它前面通过。这两次仪典辉煌热烈,吸引世界各国的人来参观。以至整个夏天锡耶纳都像过节。

市政厅内部厅堂很高敞开阔,装饰着14至15世纪的大量壁画,很豪华。画的内容大多是锡耶纳的重大历史事件,有一幅最著名的,画着门前广场上辉煌的阅兵式。地面、壁炉、门窗等的装修非常精致。

钟塔高一百零二米，走四百一十二步石级到顶。石级夹在墙体里，很窄，遇到对面来人，就得侧过身子，贴住墙，使劲地挤。好在没有一个胖子肯上去，不致造成堵死的麻烦。到了顶上，还可以爬到钟架上去，再升高大约八至九米。从钟塔顶上俯视锡耶纳全城，第一个印象就是它的颜色很特别。意大利的旧城，一般都是鲜红的瓦顶，但锡耶纳的土质与众不同，瓦是褐色的，所以欧洲人把褐色叫锡耶纳。在一片大起大伏褐色小房子的海洋之上，见到西面二百米左右，高高耸立着雪白的主教堂。

主教堂（Duomo di Siena, 1196—1215）在全城的最高点，造于12至14世纪。前面、后面和左侧有不大的广场。后面的广场地势低，主教堂圣坛下的地下室正好向它开门，作为洗礼堂。有一道宽阔而略略弯曲的大台阶从它通向主教堂左侧的广场。那个广场很特别：主教堂在1264年完成之后，有九十二米长，二十四点四米宽，相当不小了。1339年，锡耶纳人又想在左侧造一个更大的教堂，把造成了的主教堂只当作它的拉丁十字的横翼。它的正面和巴西利卡大厅的左廊刚刚造起一部分，1348年发生了一场瘟疫，工程停了下来。现在，造得了的一部分当作博物馆，它正面的几个大券，本是用来支承新教堂中央巴西利卡的大拱顶的，非常壮观，使这左侧广场生色不少。

主教堂用白大理石造，里外都有灰绿色的水平条纹，像斑马。正面三间山墙，装饰很华丽，夹杂些红大理石的图案和许多雕像。1878年加上金底镶嵌画，更加灿烂辉煌。现在在画面上蒙一层玻璃保护。教堂里，在地面上作大幅写实的镶嵌画，是15至16世纪的作品，这在意大利是唯一的。原作已经搬到博物馆去了，原地只有复制品，平日仍然盖着木板保护。不知为什么，也许是在复活节期罢，我们去的那天居然没有盖，而且允许我们爬到拱顶底脚那儿的走廊上去俯视。圣坛前的那一幅，就是主教堂的全景图。这些镶嵌画，以及大量壁画、嵌宝木器，雕刻和玲珑纤巧的讲经台、洗礼台，都是名家的名作，作者有坎皮奥（Arnolf di Cambio，1245—1302）、唐纳泰罗、米开朗琪罗等。主教堂侧后方的钟塔高七层，不开放。

这座主教堂是意大利中西部哥特式建筑的代表之一，另一个更优美的在奥维埃多。中西部哥特式、比萨罗曼式和威尼斯哥特式（Venetian Gothic），都是意大利中世纪晚期很重要的建筑流派。

离开主教堂，在蜘蛛网一样的小巷里上上下下，来到一个很安宁秀丽的圣凯萨玲圣堂（Casa di S. Caterina，1464）。后院有一眼水井，架着辘轳架，洋溢着宁静的祥和气息。从井边上山坡，就到了圣多米尼各教堂（S. Domenico，1226—1340）。它跟主教堂同时建造，但形式相去很远。红砖的，像个堡垒。从它背后眺望锡耶纳侧景，小房子像鱼鳞一样，一层层围着山坡上去，捧着山顶上的主教堂和钟塔。左方远处又冒出市政厅的钟塔，这轮廓比佛罗伦萨的还美。

在锡耶纳看不到一幢现代的房子。全城仍然是中世纪和文艺复兴的

小房子像鱼鳞一样，一层层围着山坡上去，捧着山顶上的主教堂和钟塔。左方远处又冒出市政厅的钟塔，这轮廓比佛罗伦萨的还美。

面貌。我和马丁没有去看大型府邸和其他教堂,只在古老的陋巷里转。巷子里有无数可以入画的景观:高高低低的台阶,从过街楼下穿过,连接坡上坡下的路;伸手可及的阳台上放满盆花;一个接一个的单券跨在巷子上,抵住两侧的墙不教倒塌,造成了空间的纵深层次;不大的券门,通着小小的院落,里面,一绺阳光照着花草和晾在绳上的各色衣服;吃饱了老鼠的懒猫躺在窗口的铁格栅前睡觉;巷子一转弯,也许是块巴掌大的空地,中间一口水井,辘轳架上装饰着精巧的柱头,偶然还有三两间券廊在旁边,大约是妇女们洗涤的场所。

但是,这种充满了迷人画意的中世纪巷子,对于居民来说,可能是可怕的。那种破败的景象,实在凄凉得很。墙壁倾斜了,门窗糟朽了,雨水管子断裂了,污水从墙脚的小洞流出来,沿巷子淌去,汇成黑色的水潭,发出恶臭。我们到过几条小巷子,那里房子的窗口是些莫名其妙的洞孔或者缝隙,钉着木片、棘刺,绷上几根铁丝,再张上蜘蛛网。我们以为这是没有人住的死屋子,看门牌却是新换的,闪闪发亮,于是往里张望,发现电视机开着,弄得我脊梁骨冒冷气。而锡耶纳城,就这样要整个当作文物保护下来。我最感到困惑的,是城市的大部分区域进不了机动车,万一有点儿急事怎么办?不过,我们早就知道,凡是要整个当作文物保护下来的历史性城镇,居民都在迅速减少,困难会缓解一些。但是,因为数量很多,这项文化工程的艰巨仍旧可想而知。意大利维护文化遗产的决心真教人钦佩。

马丁在东柏林任文物建筑保护师,他从来没有遇到过这样的难题,因为德国在第二次世界大战期间一切都成了废墟。柏林几乎是全新的,他的任务,是恢复一些古教堂,干脆说,是再造几个假古董。如果锡耶纳这样的城市只有几个,事情也许不能说太难办。可是,这样的城市在意大利太多了。从锡耶纳向南到罗马,半路上就有个奥维埃多城,更加有趣,也更加古老。

（四）奥维埃多

在布满葡萄园的丘陵地里，一块孤零零的火山岩，东西长一公里挂零，像台子一样高高凸起，周围都是悬崖陡壁。奥维埃多就在这台子上，因为地势险要，中世纪战乱的时候，曾经是教皇派扼住南北交通线的要塞，所以，城里有不少重要建筑物，其中之一是教皇宫（Palazzo Papale，1157始建），1527年西班牙人围攻罗马之后，教皇一度住在这里。

从火车站进城，过去有缆车，现在已经拆掉了。欧洲在几十年前曾经掀起过一阵缆车热，但在作为文物的城市和风景区，为了保护它们的原貌，又纷纷拆除，除了高山滑雪场之外，我在意大利和瑞士都没有见到缆车。他们并非不尊老爱幼，他们的老人和儿童比中国的更喜欢游历，不过当走不动的时候，老人们宁愿坐下，把下巴搭在手杖头上，笑眯眯看着年轻人快活地走过。至于孩子，我常见到的景象是父母们提着他们一只手，拉扯他们自己一步一步向前走。我们顺着很陡的盘山公路步步登高，从东头走到西头，又从西头绕回东头，才到城门。一进门，我对马丁说，历史在这里停止了。他立刻打开一本德文的导游书，指着关于奥维埃多的第一行说，这上面写着相似的一句话："中世纪的空气在这里有趣地凝固着。"在罗马，我们听过英国人福屈伦的报告，他说："我们古建保护工作者，就是要叫历史停止。"我跟他抬过几次杠，所以我们一见到这个仿佛在烂柯山上的奥维埃多,就想起了那件事。

奥维埃多比锡耶纳更富有诗情画意,但也更破败。只有柯达彩色胶卷的广告,表明时代已经是20世纪之末。我们在凝固了的中世纪的空气中走,默想着封建主蛮勇残酷的战争给这个小城留下的高昂激越的英雄故事,以及天主教会愚昧狡狯的迷信给这个小城留下的欢乐多彩的节庆活动。这些英雄故事和节庆活动给奥维埃多蒙上浓厚的浪漫气息,使它更有魅力。历史常常是不可深究的,那些使人们陶醉的东西,许多是从泪泉血海中孕育出来的,只是时间给它洗刷了腥气和涩味,反倒成为浸透乡土情谊的风尚习俗和文化传统了。

一个波西米亚传教士不相信"化体说",就是耶稣基督的身体转化在圣饼里。有一回,他主持弥撒,在祝圣时看见圣饼渗出血来。从此,他相信了奇迹,而基督圣体节也从此被教会确定下来。这块出血的圣饼,有小小一角被带到了奥维埃多,于是,1290年,决定造一所大教堂来收藏它,到14世纪基本完成。宗教的奇迹是荒唐的,而这个建筑的奇迹却是辉煌的。在一百多年的时间里,有四十三个建筑师、一百五十二个雕刻家、六十八个画家和九十个镶嵌家在这里工作过。平面方案是佛罗伦萨主教堂的最初设计人坎皮奥定下的,锡耶纳人梅达尼(Lorenzo Maitani,1275之前—1330)设计了立面,也做了大门垛子的雕刻。据英国美术史家拉斯金(John Ruskin,1819—1900)说,那时候意大利的建筑师要主持教堂工程,都得亲手做大门的雕刻,没有这一手本领,就指挥不了人。

梅达尼给奥维埃多主教堂(Duomo di Orvieto,1290始建)带来了锡耶纳主教堂的立面式样,它们成了姐妹作。不过,奥维埃多的更好。立面的分划更顺畅,上下气势更贯通,构图更完整,比例更和谐,缓急更有节奏。同时,色彩也更丰富,大幅的金底镶嵌画,在阳光下耀眼地绚丽。它的玫瑰窗,据说是仿法国的象牙雕刻的,非常精美,而锡耶纳主教堂的玫瑰窗却没有完成,只留下个黑洞,但现在人们并不去补足它,任它保持那么一副尴尬的原状。这便是尊重历史而并不服从今人的审美愿望。

它的内部也用黑白大理石砌成交替的条纹，很稳重、质朴。但横翼的一臂为纪念另一个什么神迹而造的小礼拜堂，却如七宝楼台，金银细工、绘画雕刻无所不有，千百支蜡烛闪闪烁烁，摇摇曳曳，在幽暗的教堂里造成一种梦幻似的境界。它的天顶画和壁画已经很写实、很世俗化了，构图雄伟，人物的动态剧烈，表情激越，所以有人把它的作者看作米开朗琪罗的先驱。

主教堂的右侧是13世纪的教皇宫，现在当作博物馆。可惜主教堂没有塔，但市中心有一座四十二米高的方塔，孤零零立在大街边，不知为什么叫摩尔塔（Torre del Moro），也许曾经是一座伊斯兰清真寺的授时塔。

奥维埃多以产酒和陶器闻名。酒我们没有领略，中午只啃了一份夹肉面包。陶器倒看了不少。制陶是家庭手工业，许多小巷里都有卖美术陶器的，没有柜台，没有橱窗，根本没有铺面，只在家门口两边的墙上，石头缝里钉上几块板子，陈列几个壶、罐、盆、碗之类，有的连板子都不要，直接把陶器挂在墙上。这些家庭小铺成了冷街僻巷别致的装饰，使它们有了一点儿生气。此外，城中央有个人民广场（Piazza del Popolo），每礼拜六举办集市，专门卖美术陶器，也是意大利一个闻名世界的旅游项目，每集都吸引许多外国的爱好者和收藏家专门跑来。

人民广场有一幢人民大厦（Palazzo del Popolo），是11世纪造的，罗曼式，保存得很好，看不出这类古建筑常有的历代的附加物，或者不协调的改建。四个立面都能完整地看到，我和马丁觉得很难得。溜达到不远的市政广场上，看到16世纪造的市政厅（Palazzo Comunale）很粗俗，把一座造在6世纪教堂基址上的11世纪的教堂挤得很局促，而且挡住了钟塔的下半截。我说，最好拆掉这座市政厅，至少要改造它。马丁大不以为然，说那简直是犯罪。但是，真所谓无巧不成书，像有人编了剧本似的，马丁忽然哦哦地喊了起来。原来他在那本德文的导游书上看到，人民大厦就是在精心研究之后，拆掉了多次的改建布满葡萄园的丘陵地里，一块孤零零的火山岩，像台子一样高高凸起，周围都是悬崖陡壁，奥维埃多就在这台子上。

和增建，恢复了原样，连那个很美的室外楼梯都是根据资料重建的。怪不得它并没有作为参观点，门前冷冷清清。

　　我们边笑边走，又到了奥维埃多西北角上的圣阿高斯蒂诺教堂（S. Agostino）。它的西侧，有一座很高敞的大厅，哥特式的，前后都是三间宽阔的尖券。现在，券洞装上了细细的合金钢窗棂，安上了大片反光玻璃。里面加夹层，是很轻的钢结构，四边不着墙，薄薄的钢板楼梯凌空上去。上面是餐厅，下面是小卖部。所有的家具和设备都是最新的款式。这种做法，跟我在罗马郊区的奥尔西尼堡垒见到过的完全一样，严格区分了建筑物原有的部分和后加的部分，不论外面还

（四）奥维埃多

是里面，现代化的新因素跟中世纪粗犷的砌体都对比得很美。

沿悬崖边的城墙走，眺望远处青翠山谷里的红色修道院和小村子，景色散淡宁静，太美了。绕了半圈，最后来到东北角的圣巴特里齐欧井（Pozzo di S. Patrizio）。这口井是1527年教皇到奥维埃多避难的时候，为预防被围城而下令挖掘的。负责这项工程的是建筑师小莎迦洛（Antonio da Sangallo the Younger, 1483—1546）。井挖了十年，打透坚硬的火山岩，足有五十八点四四米深，下面水深二点七五米。它有内外相套的两层石砌的井筒，二者之间有两道螺旋式的梯道，错开半圈，都是二百四十八级，驮水的毛驴从一道下去，从另一道上来，可以络绎不绝。内层井筒直径四点七米，周圈上下开七十个窗口，给梯道照明。这口水井大约可以算得上是世界上最壮观的井了。

看完井，已经不早。坡上谷底冉冉升起轻烟薄雾，染四围青山成紫色。我们赶到火车站，回头一看，教堂、方塔、城墙已经跟悬崖融成一体，黑而硬，倚在西边发亮的天上。

奥维埃多的保护非常严格，要想使居民的生活现代化几乎是不可能的。但居民们很合作，他们渐渐迁出旧城，到山谷对面一侧山坡上另建了新的居住区，把旧城留下。虽然理论上要求作为文物的村落或历史性城区保持它的活力，但实际上，我们这些人都同意"不死不活，半死半活"是它们不可避免的状态，甚至是有利于保护它们的最佳状态。所以，虽然旧城的面貌十分破败，文物管理部门却并不着急，可以慢慢来。反正一时半会那些建筑还不至于毁掉。人民大厦就是一个经过详尽的研究才动手维修的试点工程，那个市政厅应该怎么办，正在研究。意大利人好像多是慢性子，做事情不急不忙。不过，他们的文物建筑修复确是做得很精很细，不抢时间，琢磨透了才动手，所以做出来的都很好，尽管有些问题有争议。

(五)莱米尼　拉温纳　圣玛力诺

圣玛力诺共和国的建筑师鲁意寄邀我到他家去玩。一起去的有东德的马丁，澳大利亚的理查德和日本的中村雅治。鲁意寄开车把我们带到莱米尼（Rimini），住在他的海滨别墅里，就先回家去了，约定两天后来接我们。

亚德里亚海滨的沙滩特别柔软，水又清洁，是个国际性的浴场。沿海二三百公里长的一窄条，连绵不断，都已经城市化，真正算得上是个长而又长的带状城市。莱米尼在它的中部偏北，鲁意寄的别墅在城南两三公里处，紧靠着沙滩。我们一放下提包，打开暖气，就到沙滩上去了。

天黑之后，四周悄无人影，只有街灯亮着。这个带状城市里，本地居民寥寥无几，到夏季才挤满世界各地来度假的人。两个月的繁华，养活本地居民足足一年，过清闲日子。我们摸索着找到一家餐厅，里面人倒不少，大都是街坊四邻来坐一会儿，喝喝酒，聊聊天，听听音乐，看看电视，气氛很亲切。见我们进去，人人打个招呼。我们吃着烤饼，小侍者忽然端来一大盘冷荤，说是邻桌一位先生请我们吃的。抬头一看，是个五十来岁的胖子，他向我们笑笑，我们也笑笑，就吃起来了。餐厅的布置很特别，有点像博物馆。框子里装着世界各国的钱币，架子上陈列着各种矿石，各种羽毛，各种羊角，甚至还有一墙的政治人物漫画

古罗马石桥

像,从拿破仑到罗斯福和斯大林都有。

莱米尼在古罗马时代是个要塞,13世纪之后,马拉逑斯达家族(Malatesta)在这里建立了独裁统治。15世纪上半叶,这个家族的西吉斯蒙多(Sigismondo,1417—1468)是个极残酷无耻的人,却又是个文艺的保护者。那时,莱米尼繁华过一阵子。但是,这个城却没有留下多少历史遗迹,可看的只有古罗马的一道桥、一座城门和角斗场的废墟,还有阿尔伯蒂设计的马拉逑斯达家庙(Tempio Malatestiano),现在叫圣弗朗赛斯科教堂(S. Francesco)。意大利绝大多数城市都还保留着古色古香的历史中心区,莱米尼的中心却已经现代化了。

圣弗朗赛斯科教堂是阿尔伯蒂的代表作之一,整个用白大理石贴面,正面的构图是古罗马凯旋门式的,柱式很严谨,细部很精致,但没有完成,后人也不再接手去完成它,给大师留下历史的遗憾,真比去补足它更好。它的范本是莱米尼的一道城门,奥古斯都门,公元前27年造奥古斯都门，这门是古罗马的，后面的建筑却已经现代化了。

的。文艺复兴当然是个伟大的进步运动，在这场运动中重新认识了古典文化的价值，这当然也是很好的。但是，利用古典文化对宗教愚昧做斗争的客观历史要求，在当时一些人们的主观意识中表现为对古典文化的过度崇拜。因此，他们往往以模仿古物代替破格创新。意大利文艺复兴的建筑师，有一些是多少有一点这样的毛病的。阿尔伯蒂就过于喜欢给他的作品找古典的原型。当然，这情况也有不得不然的原因。因为文艺复兴运动主要是一场文化运动，一场意识形态的革命，那时候，建筑本身没有出现自己的革命性因素，像古罗马和哥特时期那样在结构技术上有重大的突破。

圣弗朗赛斯科教堂的内部也没有照原设计完成。现在是两侧每个开间都有独立的用途，独立的建筑处理。虽然局部有很精彩的，还有些重要的雕刻和壁画，但整体性就谈不上了。

从莱米尼乘火车到拉温纳（Ravenna）不到一小时。拉温纳在意大利可是个很不寻常的城市：它保存了不少5至6世纪的教堂，有除君士坦丁堡的圣索菲亚教堂（Hagia Sophia）之外最重要的拜占庭教堂；它的拜占庭式镶嵌画水平在意大利数第一，甚至超过君士坦丁堡的。

拉温纳本来是个海湾，古罗马第一位皇帝奥古斯都把它建成亚德里亚海舰队的基地，可以容纳二百五十艘战船。罗马帝国分裂之后，公元402年，它成了西罗马首都，大事兴建。以后东哥特人也在这里建都，国王迪奥多尔（Theodoric, 454—526）归宗，又大造基督教堂。540年，拜占庭帝国占领拉温纳，把它当作陪都，东正教和拜占庭文化因而传了过来，与罗马传统并存。所以，拉温纳在建筑上和文化上有那么重要的意义。

出了火车站，我们径直往西走，看了一眼市中心人民广场（Piazza del Popolo）上文艺复兴时代的市政厅和边上的柱廊，没有止步，就来到圣维达莱（S. Vitale, 521—547）教堂前的街口。这条短短的小街，北头就是圣维达莱教堂。我们在街口停下来，先在小铺里看看纪念品、工艺品、幻灯片、明信片和画册等等。意大利的名胜古迹附近都有许多这样的小铺，琳琅满目，不紧不慢地看看，也是很大的乐事。拉温纳的工艺美术纪念品里，最有特色的是些粗瓷的盘子、瓶子等，上面仿制拜占庭式镶嵌画的片断，金底子，对比强烈的重彩，华丽得很。

走进圣维达莱教堂前的院门，站在古老的松树下，斜看教堂，它的比例很和谐，体形很匀称，配上一座塔，画面饱满而且丰富。但是，看这通体素净的红砖砌筑，虽然很美，却没有一点装饰，连线脚都没有，而且又不大，心里不免有点儿怀疑：难道这就是当年查士丁尼大帝（Justinian, 483—565）的宫廷教堂？难道这就是拜占庭建筑的第二号代表作品？

一进教堂，很暗，停一会儿，眼睛慢慢亮了，这才感到惊奇。原来它从上到下满铺满盖的金底镶嵌画是那么绚烂辉煌，原来它的空间是那么富有层次又紧凑集中，它各部分的修短丰纤又是那么适当。它确实不像别的王室宫廷建筑那样壮丽、威严，而是平易得很，它的色彩虽然鲜艳璀璨，却没有卖弄豪华富贵的味道，而像民间艺术的天真、热烈。至于它的空间，就像罗马的四喷泉圣卡罗教堂（S. Carlo alle Quattro Fontane，1665—1668）和佛罗伦萨的美迪奇家庙一样，既不能用语言文字说明，也不能用现代其他的方法说明，何况它比那些更复杂得多。

镶嵌画已经有残损，穹顶上改成了巴洛克的粉画，圣坛部分的镶嵌画却很完整，金光闪烁的底子上，蓝、绿、红、黄诸色都很鲜亮，对比强烈。著名的查士丁尼大帝和皇后以及大主教、廷臣等等并肩而立那一幅，就在祭坛的侧墙上，相当高，不容易看清楚。意大利一些供人参观的建筑里，凡光线昏暗处的绘画、雕刻、神龛等，一般都有照明灯，但需要交钱才能打开，我们没有找到管理人，只得罢了。

圣维达莱教堂是东哥特国王迪奥多尔开始建造的，作为宫廷教堂，但547年完工时，拉温纳已经是拜占庭帝国的陪都，所以，镶嵌画、柱头等都是拜占庭时代的作品，典型的拜占庭式的。

穿过教堂，从另一个小门走到后院里，树荫下有一所不大的红砖小建筑物，像园丁的住宅。这就是第一位正式的西罗马帝国皇帝的姐姐，5世纪上半叶摄政的西罗马帝国皇太后迦拉·普拉奇迪亚的墓（Tomb of Galla Placidia），造于440年。它的十字形平面形制和帆拱上的穹顶，在建筑史上有很重要的地位。虽然我从书上知道它的镶嵌画好，但只有到了里面，才真正知道那镶嵌画的分量。在幽微的光线中，深蓝色的穹顶满布金星，墙上是四福音作者、十二使徒、耶稣基督等的像。色彩比教堂里的浓重，但花边的色彩很鲜亮。小小的窗子上安着极薄的大理石片，半透明的，映出石材本身很美的花纹。据说这是跟大理石墙裙一起在20世纪初年安的。我第一次见到薄大理石片装在窗子上，是在罗马的圣保罗教堂。以前读书，见说古希腊的神庙在屋顶上铺薄大理石瓦，采光足够，心里老觉得不大踏实。见到圣保罗教堂的窗子，才相信那是可以的。有一天参观圣彼得大教堂地下的古代墓葬群，讲解员指着一块十几厘米厚的白大理石棺板说，这是希腊的潘泰利克大理石（Pentelik），质地最好。他用手电在背后一照，居圣维达莱教堂，外观素净的红砖砌筑，没有一点装饰，却是查士丁尼大帝的宫廷教堂、拜占庭建筑的第二号代表作品。第一号代表作是君士坦丁堡（今伊斯坦布尔）的索菲亚大教堂，它们都是东正教教堂。

然能够照透。雅典卫城上的帕提农庙就是用潘泰利克大理石造的。

从迦拉·普拉奇迪亚墓出来，看见理查德在树下徘徊，我叫他进墓去看，他犹犹豫豫，不大看得起这小东西，经我再三催促才过去。但一进去，立即回身探出头来大叫：Wonderful! Wonderful! 中村和马丁听见，赶快跑了进去。

圣维达莱教堂修道院有三个院落，券廊轻快。现在当博物馆，藏品很丰富，布置得古朴雅致。

离开圣维达莱教堂，到主教堂旁边看了八角形的东正教洗礼堂（Battistero Neoniano），也是红砖砌的，外貌平淡之极，而里面的镶嵌画光彩夺目。6世纪初迪奥多尔国王造的拉丁十字式新圣阿保利纳教堂（Sant'Apollinare Nuovo），大堂由两排柱子划分为"巴西利卡"（Basilica）式。二十四棵石柱是从拜占庭运来的。它的镶嵌画很有名。大堂的

圣维达莱教堂内部

左半是妇女席，柱子以上的壁面镶着二十四个圣处女，身着白袍，手捧皇冠，出城走向圣母。圣母戴着皇冠，被天使簇拥着。大堂的右半是给男信徒们的，那边镶嵌画的题材是二十六个殉道圣徒离开迪奥多尔的宫殿，白袍曳地，庄严地走向耶稣基督。他周围也是簇拥着天使。这些镶嵌画的色彩比较柔和。

离新圣阿保利纳教堂不远，就是但丁墓。这位诗人从佛罗伦萨流亡出来，定居在拉温纳，1321年死在这里。他在《神曲》里曾经把拉温纳的镶嵌画叫作色彩的交响乐。但丁在意大利非常受到尊敬。离我在罗马的寓所不远，有一个但丁旧居，天天锁门，进不去。有一天忽然看见门开着，我跳下公共汽车往里闯，里面正开但丁研究报告会。小院子很美，左边是长满了常青藤的廊子，右边是露天楼梯，后面是钟塔，前面是门楼。起伏变化，跌宕有致。诗人的旧居很富有诗意。

拉温纳的另一座著名的陵墓是迪奥多尔的墓（Mausoleum of Theodoric，造于520）。圆形，整体形式很简练明确，直径十一米，全是白石砌的，石块毛毛糙糙，砌缝大而无灰浆。顶盖是一整块大石头，凿成穹顶形状。

回到火车站去，在站前不远看了圣乔凡尼教堂（San Giovanni Evangelista，即施洗者约翰），这是迦拉·普拉奇迪亚在424年造的，是现存最早的基督教堂之一。也用红砖砌，很简朴，立面构图别致，但是非常和谐。旁边立着一座斜塔。意大利有不少斜塔，不过，比萨斜塔是唯一全用大理石造的，而且建筑水平最高。

拉温纳的这些教堂和陵墓，长时期里都经过不断的改动或增添。18世纪末和19世纪初，曾经由教会全面维修，那次的方针是力求恢复原状，除去历史的变动痕迹。所以现在见到的都很完整，很统一。但是，当然失去了许多历史信息，失去了不少浪漫气氛。看上去干干净净，像是陈列在环境当中，却淡薄了沧桑感。

从火车站前乘公共汽车向南到郊外五公里的老圣阿保利纳教堂（Sant'Apollinare in Classe，534—549）。它是查士丁尼皇帝在一座旧阿波罗神庙遗址上造的，其实比那座名为新的还晚一些。红砖的教堂和塔，在碧绿的田野之中，搭配着虬枝老松，色彩很明丽。教堂里光线充足，开间大，柱列的节奏舒缓，也像外观那样近易平和。圣坛上半穹里的镶嵌画，以嫩绿的草地为主，点缀着十二头白色羔羊，这是耶稣基督的十二位门徒。耶稣基督在中央，一副牧羊人的模样。这幅画色彩淡雅，构图比较松散，不那么饱满，也不那么板重。这教堂有一座圆形的钟楼，据说是基督教世界中的第一座。教堂前面草地里有一尊奥古斯都的铜像，纪念他建设拉温纳的功绩。

拉温纳的教堂，外观都是红砖的，形体不大，十分朴实，往往连线脚都不做，而内部却用镶嵌画装饰得很璀璨。这是中世纪早期基督教堂的一般风格，它象征着基督教的一个信念：为人要清苦简约，但内心却要丰富辉煌。"上帝在我心里。"

第三天一早，鲁意寄接我们到圣玛力诺。这是世界上最小而又最古老的共和国。它在莱米尼西南二十七公里，面积六十一平方公里，以提达诺山（Titano）为中心。山的海拔七百四十三米，西边是缓坡，东边是直上直下几百米的悬崖，悬崖上沿，三个峰头各有一个堡垒，分别是10、14和15世纪造的，落脚在鸟兽难到的险要处，看得人眼晕。

鲁意寄带我们乘到居民区的缆车上山。他是这个两万五千人的共和国唯一的建筑师，处处有熟人，点点头就什么地方都能进去，不用买票，过了钟点人家还等着。

先看议会大厦，哥特式的，里外都很漂亮，大家称赞不已。前面有个小广场，正好给大厦一个恰当的观赏处。大厦挺拔有精神。这天正巧是议员接见选民的日子，大厅里，一排桌子，每桌一位议员，每位前面都排着三四个人，挨次向议员提建议。出了议会大厦，拐了几个弯，来到当地的主要教堂，立面竟是个六棵科林斯柱子的古典主义大柱廊，风格浮夸，跟其他建筑物全不协调。鲁意寄苦笑着打开一本画册给我们看，原来这教堂本是11世纪罗曼式的，非常朴实浑厚。这个新古典主义

但丁墓

的柱廊是1909年贴上去的。中村雅治激动起来，说，拆掉它，拆掉它。鲁意寄又把画册翻到另一页，一看，那座被我们一致称赞的议会大厦本来也是早期罗曼式的，19世纪才把它改成哥特式，连券额都改了，于是，我们又一次感觉到历史的作弄。改变文物建筑的面貌，不管出于什么动机，也不管有多么高超的水平，都会淆乱历史信息，所以西方的文物保护学界，把这种事严厉地斥为不道德的行为。

我们都对悬崖顶上的三座堡垒有兴趣，不顾路险，奋勇攀了上去。一上去，人人都满意，景色的雄奇大大补偿了我们。极目远望，东面是大海，西面是高山，它们之间起伏着一层层的峰峦和峡谷。堡垒作为武器甲胄的博物馆，展品也很丰富。堡垒和城墙，据险而建，看上去惊心动魄，也极富画意。但鲁意寄摊开双手，做了一个鬼脸，说：堡垒和城墙都是修建过的，修得过分了。

看完三个堡垒，我们到鲁意寄工作着的小村子去。几十户人家，聚在一个小高地上，房子都是石头砌的，裂缝里长着树。巷子里几处稍稍宽一点的地方，放几条石板，老太太们坐着聊闲天，孙儿孙女们围着转。鲁意寄给我们看他的测绘图，他用了一年时间，把这个小村子全都测绘了下来。图的比例尺很大，所有房子上的每一块石头都一一画出，连裂缝和缺损。他就是拿这套图向圣玛力诺共和国政府投标承包这个小村子的保护工作的。不过，因为政府答应的报酬不够多，鲁意寄还不大愿意签订合同。

在鲁意寄家吃了一顿典型的圣玛力诺午餐，喝了他祖父藏在地窖里的陈年白兰地酒，我们又去看波哥·麦乔累教堂（Borgo Maggiore）。这是一所在旧址上新建的教堂。它完全利用钢筋混凝土的可塑性来造型，里里外外都说不上是什么形状，好像几块隔夜疲软了的炸油饼搭起来的。不过看上去也不恶俗，内部更加有趣味。我的第一个问题是它怎么制图，怎么计算结构。鲁意寄说，据他所知，建造之时，建筑师整天都在工地里，有相当多的地方，大约根本没有图，比如那个紫铜板的屋面，就像堆栈里盖在杂货筐上的雨布。这个建筑师叫米开鲁奇，佛罗伦萨人，专门设计小教堂，据说目前在世界上很有名。这种塑造教堂的风气大约是勒·柯布西埃在洪尚教堂开的头，现在很有些追随者，不过所做似乎都赶不上洪尚教堂。

新房子不断地盖，旧房子不断地改，这个山国的野趣和古风正在不断丧失。鲁意寄说，毛病就在允许意大利人买地造房子。我说，为什么不利用总统接见公民的机会去提意见，总统是他的足球伙伴。他说：有什么用，大家想过现代化生活。现在圣玛力诺的青年，一旦在外面有了机会，就再也不回来了。我说，回来旅游一定觉得很有趣。大家笑了。

但政府毕竟还是注意保护山国环境的，把游览区的缆车拆掉了，只留下居民区的一个。也拆掉了从莱米尼来的铁路支线，现在只通公路。鲁意寄在这条公路上施展了高超的驾驶技术，只用三十分钟就把我们送到了莱米尼火车站，刚刚赶上去罗马的火车，一路上把红灯骂得狗血喷头。马丁、理查德和中村都是驾车老手，事后也都对鲁意寄那种疯狂的开车方式觉得害怕。鲁意寄只有二十四岁，身材魁梧，一天到晚大喊大叫，手舞足蹈，出洋相，寻开心，是个极可爱的小伙子。家境很富裕，有私人飞机，从小在美国受教育，但不忘一起长大的贫寒邻居并不漂亮的小姑娘，结婚那天，在教堂里举行仪式，还要打趣，把文静腼腆的新娘子和道貌岸然的神父乐得前仰后合。

（五）莱米尼　拉温纳　圣玛力诺

改建前的早期罗曼式议会大厦

19世纪改成哥特式的议会大厦，它完全改变了议会大厦本来的面貌，虽然改的水平很高，但仍是不应该的。因为这种做法淆乱了历史，使人得到错误的历史信息。

第四篇

　　意大利北部的城市，现存的建筑也大多是中世纪晚期和文艺复兴时期的，古罗马的遗存不多。这些城市，长期都是独立的公国，统治着的大公们，热爱文化事业，善待文学家和艺术家，支持和保护他们的创作。大公们在这方面互相争胜，因此和托斯干尼一起共同造成了意大利文艺复兴文化的繁荣。

　　意大利文艺复兴时期不少杰出建筑师或者出生在这些城市里，或者长期在那里工作，留下他们的代表作品，所以，这些北部城市大多有很出色的历史纪念碑式的建筑，一个个城市的建筑风格都有自己鲜明的特色。17世纪风靡全欧洲的古典主义建筑和巴洛克建筑，都在这个地区孵化出来。

　　北部的城市群如众星灿烂，其中最耀眼的是威尼斯。它是一个共和制的城市国家，为了保卫它的共和制，公民们曾经砍下一个阴谋破坏这个制度的总理的头。所以，当时一位杰出的建筑师，拒绝教皇的召唤，声明他只愿意终身在这个民主的城市国家里生活和创作。

第四篇城市位置图

费拉拉城区地图
1. 斯基法诺亚府邸（Palazzo Schifanoia）
2. 卢多维科府邸（Palazzo di Ludovico il Moro）
3. 波莱西尼·圣安托尼奥修道院（S. Antonio in Polesine）

（一）费拉拉

　　五月份，我们这个国际文物建筑保护研习班一起到意大利北部去，第一站是费拉拉（Ferrara）。它在波河（Po）下游，三角洲的顶点。波河流域是全意大利农业最富庶的地区，西欧各国消费的水果有一半是这里出产的。春末夏初，田野里到处是野罂粟花，不是一朵朵的，也不是一丛丛的，而是成片成片的，有时一眼望不到边，太阳一照，比红绸子还鲜亮。像波浪起伏的红海洋，上面长着浓绿的树木，简直是神话境界。村子里开满了月季花，杆儿高，朵儿大，把小房子遮得严严实实。由于农业富庶，波河流域有很多历史名城，其中一个就是费拉拉，15世纪时就有了十万人口，跟米兰、威尼斯、佛罗伦萨一样重要。不过目前不如那几个城市繁华。

　　一条宽阔的大街（Corso della Giovecca）把费拉拉城分为南北两半，它的中段南侧，几乎在全城的几何中心上，是一座非常雄伟的堡垒（Castello Estense），造于14世纪，16世纪火灾之后重修过，现状很好，是省政府办公处，一部分大厅作为博物馆向公众开放。这堡垒本来是13至16世纪统治费拉拉的艾斯塔家族（Este）的小朝廷。它方方的，二十来米高，四角凸出四座方塔，围一圈护城河。每边有门，门前架着吊桥，隔河还有桥头堡。深绿色的河水倒映着赭红色的城堡，加上一些白石的栏杆等，威严之中还透露一点爱美之心。里面装修豪华，瑰丽多彩，跟沉重的外貌大不一样。有一间甚至得名为"金屋"。所有重要厅堂房间都绘满了壁画，多数是16世纪的。

护城河东、北两面临大街，南、西两面都是广场。一条高架走道跨过南侧广场，连通堡垒和艾斯塔家的大府邸。大府邸是13世纪造的，口字形的平面，现在是市政厅（Palazzo Comunale）。走进东面的券门，一个四方的大院，东北角上是1481年造的大楼梯，楼梯上覆着顶盖，几根细柱子顶着一串蛋壳似的穹顶，一个比一个高，一副稚气的笨拙相，怪可爱的。上楼梯，走进市政厅的主要会议室，推开朝东的阳台的门，正前方对着费拉拉的主教堂（Duomo di Ferrara，1135），相距不过二十米上下。

主教堂造于12世纪，是伦巴底（Lombardia）式的罗曼-哥特式教堂的重要代表之一。伦巴底地区位于波河中上游，跟西欧各国的文化交流密切，受到较多的哥特建筑的影响。十字拱结构、山墙式立面、小连续券花边和尖券、肋架券，在伦巴底出现得相当早。但这时候北意大利的罗曼式传统还很强，因此形成了罗曼-哥特式风格。不过，伦巴底的罗曼-哥特式建筑，跟阿尔卑斯山北边的还是很不一样，尤其在内部，结构的开间和间距都大，空间宏敞，没有趋向祭坛或上方的运动感。费拉拉虽然不在伦巴底地区，但相去不远，所以有几个伦巴底的罗曼-哥特式建筑。费拉拉主教堂的立面很特别，是三个一样高低大小的山墙并列在一起，分别反映着里面的正厅和侧廊。立面是大理石的，装饰很多，精工细作，几道透空的小券廊横过立面，使它更加玲珑。它是意大利北部最华丽的教堂立面之一。

主教堂的南侧是比较大的商业广场（Piazza Trento Trieste）。沿主教堂的南墙根，开着一溜小铺，铺面前一色整齐的券廊。教堂东南角上有一座罗曼式的钟塔，塔对街是法院。广场的西南角，也就是市政厅的右侧，还有一个过街楼，上面有座小小钟塔。市政厅大院的券门前，高高立着艾斯塔大公的骑马铜像，基座是一棵古典式大柱子。广场的景色十分丰富。

统治者的府邸、堡垒或者市政厅、主教堂和钟塔、法庭和市场等大型公用建筑物，在一起构成城市的中心。它们的前后左右开辟广场，几个广场之间以券门或者过街楼连通，装饰上各种雕刻纪念物，形成非常富有变化的景观。这是意大利北部大多数城市的一般情况。意大利的气候四季温和，人们都喜欢在露天活动。从前，连贵族们约会都在广场上，两辆马车相向并列停着，双方各自坐在车厢里。所以广场叫作露天的客厅。现在，广场边上总有咖啡座或者餐桌，夏天来了，支上阳伞，红红绿绿，是广场极好的装饰。午餐时间，人们跑到广场上会朋友聊天，这就是休息。美术展览、旧书摊，都在广场上。买卖房地产、牲畜或者做别的大笔生意的，空手站在广场里，凭嘴谈交易，袖子里捏指头讨价还价。所以，到意大利北方的城市，第一个要看的是市中心，不但看建筑，看广场，而且看活跃的生活。

　　费拉拉中心区以东、以南、以西，大体保持中世纪的格局，街道窄而曲折，房屋小，面貌古旧。东南方有一些有屋盖的小街小巷和一些上层挑出的小房子，大多是中世纪的原物，很吸引旅游的人。可惜实在太破烂，没有阳光，没有新鲜空气，没有绿地，东倒西歪的门窗，仿佛一推就倒的墙壁，一副愁苦模样。不过，因为房子小，人口密度也小，很有点小城市的安宁。

　　西南方的街道宽一点，房子好一点，据说是17至18世纪翻修过的了。我们到达的第二天，费拉拉市的总文物建筑保护师陪我们去参观这一区的"复兴"。

　　旧城或者旧城的历史中心的"复兴"现在是欧美各国的大热门课题。它有个简直无法解决的矛盾：一方面，要把旧城或者它的历史中心整个当作文物保存下去；一方面，居民的生活又非现代化不可。我们在意大利参观，觉得罗马城对《威尼斯宪章》遵守得比较严格，其他城市权变就比较多。

　　费拉拉总文物建筑保护师带我们看了两条街，大多是三层的住宅，少量两层和四层的。住宅只保存它们的外貌，里面大拆大改。不但一幢费拉拉中心区以东、以南、以西，大体保持中世纪的格局，街道窄而曲折，房屋小，面貌古旧。

房子内部可以打通，相邻几幢房子也可以打通，以扩大每户的面积。因此，新的一户之内，几个房间可能属于几幢房子，地板、天花板都可能出现标高的差别，有的跃层，有的带夹层或者阁楼，平面也曲折复杂，有不少被迫产生的所谓多用途空间。由于设计水平很高，这么一来，内部倒挺有趣味。房子不高，没有电梯勉强过得去。住宅虽然改建了，整个居住环境离现代化还远，难题不能说都解决了，不过，他们的精心工作使我们都很乐观。

中午，回到市政厅会议室吃市长的冷餐，冷餐很丰盛。市长先生见我们吃得高兴，当即决定，请我们到波河河口的邦波莎（Pomposa）和高马乔（Comacchio）去玩一天，在游艇上请我们吃一顿海鲜。

下午参观图档室。那可真了不起，它占了"口"字形市政厅南部二楼整整一层，保存着13世纪以来全部城市房屋的图档。目前正在复制，准备用几年时间复制出一套来。主任待我特别友好，复印了一张加里波第为意大利的独立统一而起义时的传单给我，同伴们羡慕得不得了，围住了看。

费拉拉城北半部是1492年以后重新建设的，都是直街，房子也比较整齐。我们这个小团体住在一所修道院里，院子宽大，周圈是券廊，还有一道券廊横过院子，把它分成两半。这是当地文艺复兴建筑的代表作，全用红砖造，构图很严谨，但尺度小，风格挺轻快，加上雕砖做的极其精细的花饰和线脚，更招人爱。这样的建筑物在路北部分很不少。修道院门前是教堂的钟塔，倾斜得很厉害。我们进进出出都觉得紧张，脚步会快得多。不过，斜塔在意大利很多，当地人看惯了，不在乎，没有做任何防护措施。

从修道院往东走不远，就是著名的钻石府邸（Palazzo dei Diamanti），造于1492至1567年。它在十字街口的西南角，外墙用一万两千五百块方锥形的白大理石砌筑，转角处有雕刻得很细巧的壁柱和阳台，把有点儿呆板的立面救活。街对面，十字街口的西北角上，是普劳斯拜里府邸，立面很简朴，也靠门廊和墙脚上极细巧的雕饰而活泼起来。在这座府邸里打算办一所学校，正在改建。同样是不动外壳，里面打通或者拆掉一些隔墙。壁画、灰塑装饰，以至壁炉都一律保留。有些隔墙拆掉之后，原两侧房间的天花和墙面的装饰虽然不同，仍然不加改动。即使一侧有吊顶，一侧没有，也保持原样。为的是教人知道这里曾经有墙。被拆掉的隔墙顶部如果有灰塑线脚，就把墙的顶部一截保留下来，用一道钢梁托住。院子里，有几位工人用红砖按原样做雕饰，补上各处的缺损。我最感兴趣的是看墙脚加隔潮层，办法是用电锯贴地面把墙锯断，锯一段，插入隔潮卷材，填实，再向前锯一段。

费拉拉城还有一项有意思的古建保护工作。在横贯全城的加富尔大街（Viale Cavour）北侧，本来有一座修道院，因为残破不堪，若干年前被拆掉了，在原地造起了现代化的大玻璃楼。但修道院院落和它四周的券廊却保存着，成了玻璃楼的内院。新楼向十字路口的东南角特意采用吊脚楼，把院落敞开，行人可以从大街上望到院子里去。院子中央种着毛毯一样碧绿的草皮，对比着红砖的券廊，色彩非常明快。

类似的做法，在罗马、波仑亚和那不勒斯都见到过。罗马的朱利亚大街（Via Giulia）上，有一座文艺复兴时的教堂。大厅倒塌之后，19世纪在那里造了一幢多层住宅，把教堂的立面镶在住宅的立面上。波仑亚城有一些文艺复兴的府邸，在第二次世界大战中被炸毁，战后重建时，把残存部分镶嵌在现代化的建筑物里，新建筑完全是现代式的，但也能处理得很完整。在那不勒斯市中心，有一家银行造在一个修道院废址上，银行大楼分两幢，它们之间由一段原修道院的残存部分连接，它底层的空券廊便作为银行内院的入口，上层是银行两幢楼之间的内部过道。这几个例子的设计水平都很高。不过因为不知道它们当年的情况，所以也不好谈到底是保护了古建筑还是破坏了。

闹市区有一间大厅，展览着费拉拉城的改建工作，有模型、图片、幻灯、录像等，常设性的，任何人都可以进去看看。

离公墓不远，有一处公园，据说还是文艺复兴时的样子。接连两天，我在傍晚时分进去散步，是个不太密的树林，零零星星夹杂一些草地。除了一圈环形路外，没有什么几何性。我在意大利参观的大大小小的花园，都以树木为主，加上草地，真正是绿地。不像中国的花园，大量的建筑物加上假山石，起不了多少绿地的作用，更不用说现在一窝蜂似的把园林变成吃吃喝喝甚至展销商品的地方了。从生态环境的角度看，意大利的园林比中国传统的园林更合理得多。

在费拉拉住了几天，其中一天到波河河口去，一天到维晋寨去，一天到波仑亚去。

（二）邦波莎　麦索拉　高马乔　维晋寨

到波河河口去，走的是古时艾斯塔大公们走的大道，有一段又宽又直，据说当年用来赛马或者赛车。

一路上看了几处古建筑保护工程。先是在一个小村子里，小河边上有一幢18世纪古典主义的三层小楼。前几年小楼的主人想把它拆掉，村自治会不同意，筹了笔款子把它买下来了，并且动员村民义务出工修复。现在它是村子的文化站，有图书馆、展览室、讲演厅和音乐室，很受村民欢迎。在意大利，街道或村子的居民自治会权力很大，文物建筑和历史性街区保护由他们当家做主。

美国姑娘凯萨玲对我说：我准知道你要称赞它。我说，当然，古建筑保护工作，最好也是民有、民治、民享嘛！她说：哦，红色魔鬼也引用林肯的话。我说，林肯人约读过《共产党宣言》。大家都笑了。

前进到邦波莎，有一座修道院（Abbazia di Pomposa），孤孤零零，前不着村，后不着店，但在天主教历史上很重要，出过圣徒，在经学上是一大派；制定了音阶理论；还是现代眼科医学的发祥地。欧洲的修道院对文化、科学有过很大的贡献，修道士成为学问家、科学家的不少。罗马城里有些修道院，小小的四合院落里，至今还有长袍大褂的修道士在读书，那气氛好极了。邦波莎的这座修道院，建筑物刚刚修复不久，都是红砖的，发着尖券，装饰着大量雕砖，形体简洁，风格淳厚，被树木掩映的草地衬着，很明快。

离修道院不远，河口大堤之下，叫作麦索拉的地方，有艾斯塔家的一座堡垒。堡垒是正方形的，三层，四角斜着四个方形的碉楼。周围有一圈平房，是仆役们的住屋和马厩。堡垒正在大修，用钢丝网水泥加固墙壁和拱券，地板则打一层钢筋混凝土。原来屋盖已经没有了，现在新造了个钢结构的。钢架在内部完全露明，不加掩饰。外面被原有的女儿墙遮住，看不见。不模仿原样修复屋盖，而用新结构去加以保护，免于继续破坏，这在文物建筑保护中叫作"干预"，就是制止继续破败下去，在欧洲现在是流行的做法。既然是"干预"，那就要把新结构袒露出来，表明身份，不冒充古董，避免混淆了历史。"真实"是《威尼斯宪章》的首要原则。堡垒的南墙上有几个窗子，我刚买到的明信片的照片里没有，不知是复原，还是根据需要新添的。我没有去问那位费拉拉的总文物建筑保护师，那是一位极务实的人，他给我的回答，绝不会有原则性的意义。这堡垒的环境很荒凉，它修复之后，于旅游业并没有什么好处，只是可以用来开国际会议。第一次会议已经定下，是关于海洋学的。

邦波莎修道院五十米高的砖塔，造于公元7世纪。

渔镇高马乔，有几条河汊，住宅虽然小而简陋，教堂可是又多又大。

三联桥

（二）邦波莎 麦索拉 高马乔 维晋寨

乘船去高马乔，海湾里风平浪静，我们在甲板上吃市长先生请的午餐，油炸海杂鱼，是市政厅的厨师们开专车送来的。船上进餐，也是五百年前艾斯塔们的赏心乐事。

高马乔是个从海滩上造起来的渔镇，专产鳗鱼，有几条河汊。住宅虽然小而简陋，教堂可是又多又大，镇中心罗沙利街（Via del Rosario）的教堂居然还有一座相当高的塔。南边有一座巴洛克式教堂，从镇上有一条一里多长的廊子连过去，是为举行朝圣仪式用的。镇子并不美，没有什么风味，河汊上的拱桥有点笨，一组1634年造的"三联桥"（Ponte di Trepponti），是在两条河的交汇处由三道桥组合而成的，配上水闸的双塔，比较有点趣味。但是，正预备把镇子辟作旅游点，不知道凭什么。

从波河河口回来的第二天，我们这个小团体又到维晋寨去。一路上，我很有点兴奋。意大利文艺复兴最后一位大建筑师帕拉第奥的大部分作品都在那里，他对欧洲建筑史有过很大影响，欧洲的18世纪几乎是帕拉第奥的世纪，流行着帕拉第奥主义。

我到罗马不久，罗马大学教授鲁奇迪请我吃饭，聊起天来，知道她是维晋寨人，于是我提到帕拉第奥。她很高兴，说，现在连意大利人也没有几个知道帕拉第奥的了，你这么个东方人居然还知道他的老家在维晋寨。不过，后来我到巴德瓦（Padua），那儿的教授却一口咬定帕拉第奥应当算巴德瓦人，因为他出生在那儿，并且送了我一套他的作品的幻灯片，以加深我的印象。

进了维晋寨城，一下汽车，迎面就是帕拉第奥设计的盖立卡蒂府邸（Palazzo Chiericati，1550—1555），黄色，朝东，在阳光下耀眼地亮。府邸现在是美术馆，前面的绿化广场相当宽阔，观赏条件很好。文艺复兴时期的大型府邸，大多数都是大厅大堂，连卧室都富丽气派，很少宁静亲切的居住气氛，现在用作博物馆、市政厅倒挺合适，现成就能用，不过还常常嫌壁画、雕塑等等过于豪华。这座府邸内部装修也很堂皇，每间厅都有自己的特点和风格。

盖立卡蒂府邸北侧，对街就是帕拉第奥设计的奥林比亚剧场（Teatro Olimpico, 1580—1584）。从街口进拱门来到一个满是花木的院子，向左转，再向左转，进一幢红砖房子的小小一扇旁门，穿过门厅再拐过一段廊子，推开板门，才进入剧场观众厅的左前方。眼前忽然一片辉煌。观众席十三级，我们随便坐下之后，一位相当年长的人，穿着考究的燕尾服，在舞台上一面走来走去，一面声调铿锵地朗诵着诗句。不论他走到什么位置，甚至走进舞台背景后面的几条著名的透视式街道里，在观众席的每个位置上都能听清他的朗诵，字字入耳。过去，我只注意到这座剧场独特的形制和舞台背后的几条"街"，这次才知道它的音质设计水平很高。朗诵完毕，深深一鞠躬，风度优雅之至。

从奥林比亚剧场和盖立卡蒂府邸之间起，一条笔直的大街向西南方向奔去，把维晋寨劈为两半，这就叫帕拉第奥大街（Corso A. Palladio）。意大利人很敬重建筑师，以建筑师命名的街道不少。帕拉第奥设计的府邸，大多集中在这条街上和它两侧不远。那些作品，构图变化很大，一个个都有所创新。街道很窄，而府邸很高大，身临其境，看不到完整的立面，因此，这些府邸的尺度就显得更大，风格也就比过去从图片上看到的更威严。这条街的另一头是帕拉第奥的故居，造在16世纪。街的中段，有帕拉第奥的学生斯卡莫齐（Vincenzo Scamozzi, 1552—1616）设计的市政厅（Palazzo Municipio），紧贴着街面，也要很吃力才看得到檐口。很可能由于这种情况，帕拉第奥的作品中，以庄园府邸的影响最大，这些城市府邸的影响就小得多。

维晋寨的总文物建筑保护师，满脸大胡子，不会说英语，只好一声不响，根据一张早就拟定的时间表，带着我们猛跑。不论谁只要多照两张相，就得拼命追一阵子。澳大利亚的理查德说，这是超日本的速度。日本人到意大利旅游的非常多，甚至有小学生由老师带着到那里现场讲课的。他们大多很匆忙，旅游车开到一处古迹，人们下来，站在车门口照一张相就上车走了。所以我们常常用"日本速度"或者"日本式参观"来开玩笑，多少有点嘲讽味道。

总文物建筑保护师率领我们从市政厅旁小巷向东南穿插，不远来到市政广场（Piazza dei Signori）。广场在古罗马广场的旧地址上，它南边就是帕拉第奥最出色的作品之一，巴西利卡（Basilica Palladiana，1549）。这座长方形的建筑物，上下两圈宽敞的廊子，开间的构图就是所谓帕拉第奥母题，包含着方形和圆形的对比、方柱和圆柱的对比、小尺度和大尺度的对比、虚和实的对比、体和面的对比，非常丰富而又统一，实在是杰出的创造。不过，有人指出塞利欧（Sebastiano Serlio，1475—1554）早有类似的做法，所以不承认帕拉第奥的创造权。其实，勃鲁乃列斯基更早就做过类似的构图。历史总是一条斩不断的河，穷搜本源未必都有必要。帕拉第奥在这座巴西利卡上把这种构图做得最完善，而且把它作为最基本的构图手法，最充分展现了它的美，所以还得承认他是第一个创造者。

意大利文艺复兴时期最后一位大建筑师帕拉第奥

巴西利卡底层廊子布满摊贩，以卖旧书为主，是世界有名的旧书市场之一。二层是个展览大厅，净空宽二十点七米，长五十二点七米，高二十五点三米，非常宏敞，气派得很。展览布置用现代手法，把地面做得高高低低，满铺墨绿色地毯。展品疏疏朗朗，从四面八方推敲过构图，精心得很。这座建筑原本是贵族们聚会的场所。

巴西利卡的东边，紧挨着它，有一座八十二米高的中世纪砖塔（Torre Bissara，12世纪），精瘦，把巴西利卡反衬得更加雍容厚实。塔帕拉第奥又是个学者，他著作的《建筑四书》，1570年在威尼斯出版，对古典建筑柱式做了很权威的规定，影响很大。图为《建筑四书》初版封面。

的北面立一对柱子，顶着耶稣基督和圣马可的化身像，作为广场入口的标志。广场里竖立着帕拉第奥的大理石像。他三十岁就设计了这座不朽的巴西利卡，一直到七十二岁逝世，还保持着旺盛的创新精神，受到人们的尊敬。他又是个用普通的材料造高质量房屋的能手，除了巴西利卡用石头外，他设计的大多数府邸是砖的，抹灰仿石头，就是我们说的斩假石。

维晋寨虽然不大，却有近百所富豪的府邸，所以一向被叫作陆上的威尼斯。其中自然以帕拉第奥的作品质量最高。但从风格着眼，我倒更喜欢那些威尼斯哥特式的府邸。它们一般尺度亲切，构图活泼，简洁的墙面跟精致的门窗边饰的对比很强烈，色彩也更明亮温暖。在帕拉第奥大街上有一座哥特式的"黄金府邸"（Ca' d'Oro，1428—1430），立面上作金色底子的壁画，色彩辉煌，但毫无骄横凌人的傲气。所以1944年在战争中炸毁后，1950年又照原样造了起来。相反，文艺复兴的府邸，包括帕拉第奥的在内，都不免过于壮观，尺度大而无当，叫人不敢亲近。

维晋寨同样在大规模地"复兴"旧城区。总文物建筑保护师带我们参观了几条街，住宅内部改建的办法跟费拉拉差不多，外部有点不同。

盖立卡蒂府邸,现在是市政博物馆。

帕拉第奥最出色的作品之一,市民大会堂或者叫巴西利卡。砖塔是中世纪的,高八十二米,衬托出巴西利卡的雍容。

维晋寨全景,在一片丘陵之间的盆地里,四周不是树林就是葡萄园,红瓦黄墙掩映在万绿丛中,巴西利卡的船底形大顶子和旁边的高塔形成全城构图的中心;向东可以望到威尼斯平原,向北是阿尔卑斯山的紫色轮廓。

在这里,立面上的抹灰层一律剥下重做,看起来焕然一新。在文物建筑保护工作中,把建筑材料分为三类:永久性的、半永久性的和非永久性的,区别对待。非永久性材料是允许更新的,抹灰层就属于非永久性材料。从根本上说,这也是一种不得已的权变。做文物保护,"不得已"的情况是常有的,如果决不权变,那事情也是办不成的。当然,原则本身是不能权变的,原则"灵活"了,也是做不成文物建筑保护的。

这些房屋,几百年来都经过大大小小的改动。有些旧门窗堵死了,有些又挖了新的门窗洞;有些门窗本来是发券的,后来改成了过梁;有

(二)邦波莎 麦索拉 高马乔 维晋寨

些墙塌过一部分,后来补上了;有些曾经有阳台,后来没有了;有些在底层开过小铺,后来关闭了;如此等等。所有这些变动,在砖砌体上都是可以看得出来的。重新抹灰的时候,精心推敲,选择一些地方不抹灰,把这些痕迹一一暴露出来。也就是使房屋的历史清晰可读。历史的可读性,这是《威尼斯宪章》的原则之一。当然,并不需要暴露痕迹的全部,比如:一个堵死的券洞,只要抹灰时留出券脚和券顶的一小段就行了;补砌过的墙,只要在两部分不同的砌体的交界处留几块空白就行了。这种做法,在立面上造成了斑斑驳驳的图案,并不难看,反倒能稍稍压住那个"焕然一新"带来的呆气,有点儿灵动。

　　一条小河边有一幢很漂亮的威尼斯哥特式的府邸,刚刚维修完毕。墙面上疤痕斑驳,门窗全换上了反射玻璃,闪烁着活泼的光和色。那位大胡子总文物建筑保护师站在墙角上,一个个地拉住我们,叫我们低头往下看。只见人行道贴墙根有几十厘米宽的一条,铺着玻璃。玻璃下面灯光照着一米多深的沟,沟里可以见到中世纪时的街面和当时这座府邸的勒脚墙。地面不断提高,这是城市里的普遍现象,罗马城现在的地面已经平均比帝国时代高了五米。在那里,重要的文物建筑,如果地段环境允许,或者沿墙根挖一条沟,如万神庙,或者挖一个坑,如纳沃那广场北头古罗马运动场入口,以显示原来的墙面。而维晋寨的这座府邸,紧靠狭窄的街道,不能那样做,这个透过玻璃盖板读历史的办法太聪明了。我朝总保护师竖起大拇指,他得意得很,笑了又笑。文物建筑保护工作是很需要创造性的。

　　这所府邸现在是一个大公司的总部。总经理看到我们这个由二十一个国家的二十三个人组成的小团体,非常高兴,立即通知备餐,请我们吃了一顿很丰盛的午饭。只有这时候,才见到我们的急性子向导放松了筋骨,舒舒服服坐下来大嚼,没有去看他那张严格的时间表。

　　一吃饱,总保护师又来了劲儿,立刻把我们赶上汽车,出城上了南边的贝里柯山(Berico)。山上有一座圣母教堂(Basilica di Monte Berico,1746—1778),那里的圣母常常显圣,包治百病,所以教堂成了圆厅别墅，位于田庄中央的高地上，可以望四周，也可以从四周望它，所以它四周都做成正面。

圣地，许许多多人远道来朝拜，据说还有从美国来的。总保护师体魄强健，对圣母如何显圣治病毫无兴趣，只叫我们在教堂前的平台上眺望维晋寨的全景。维晋寨在一片丘陵之间的盆地里，四周不是树林就是葡萄园，红瓦黄墙掩映在万绿丛中，确实很美。巴西利卡的战争中被炸毁、战后修复的船底形大顶子和旁边的高塔形成全城构图的中心。向东可以望到威尼斯平原，向北是阿尔卑斯山的紫色轮廓。

贝里柯山的东北坡，离城大约两公里，就是帕拉第奥设计的圆厅别墅（Villa La Rotonda，1551—1606）。它在一个庄园中央的小山包上，从公路边的院门进去，笔直的上坡路像地毯，两侧挡土墙墙头立着一尊尊的雕像，透视线聚焦在别墅的门廊上，画面很紧凑。在罗马看惯了巴洛克式教堂，一见到这座别墅，觉得很新鲜。它是那样安详、稳定、简洁，几何性很明确，处处跟巴洛克建筑相反，难怪一向有人把帕拉第奥叫作学院派古典主义的肇始人。它四周都是田野，景色十分开阔，所以四面都设柱廊，也自有道理。风格比城里的府邸要平易多了。内部却很华丽，有巴洛克的味道。直到穹顶，布满了壁画、浮雕和圆雕，色彩十分浓重。

　　从圆厅别墅出来，赶到勃莱齐亚城（Brescia），匆匆看了看市中心的新主教堂（Duomo Nuoro，1604）、市政厅建筑群和它们的广场，还有一座古罗马的阿波罗庙（Temple of Apollo）。阿波罗庙看上去很古怪，因为本来已经非常残破，只剩下些零零碎碎的大理石。过去修复时，全用红砖砌，连圆柱和檐部都是红砖的，把那些残存的大理石块小心翼翼地装到应该在的原位上去。整个看来，庙宇红白相间，红的倒比白的多。这种材质对比太大的做法，现在是很少见了。当保存下来的残块比较多的时候，原位归安，用一些非原有材料辅助，这样的做法在拉丁文中叫Anastylosis，成功的例子很多，最著名的大概就数第度凯旋门（Arch of Titus，81）了。除了把残石严格复位外，凡新补的材料一律用灰华石，区别于原来的白大理石，并且在细节上比原来的简单一些。但颜色和做法跟原来的差别又不太大，使维修时补添上去的部分和原存部分有所差异，以便识别，这也是文物建筑修缮的原则之一，叫"可识别性"原则，这是意大利人普遍遵守的。

　　回到费拉拉已经很晚了。但是，吃过饭，我还是拿横拍当直拍打，打败了市乒乓球队的尖子队员。我的伙伴全体到场为我呐喊助威，奥地利美术史家安德累阿斯大喊：把柜子里那些奖杯都给我们！

（三）威尼斯

"海天之间一座迷人的城，像维纳斯出波浪而生。透明的光和水，纤尘不染，凉风微微地吹。东西方的文化在这里交汇，不朽的杰作，使你在欢乐中增长智慧。"这是一本介绍威尼斯的书开头的几句。

小小一个威尼斯，短短的历史，却在文化史上占了重要的地位。中世纪，它博采哥特、拜占庭和伊斯兰文化的精华，熔铸出自己独特的文化。文艺复兴时期，画家出了提香（Tiziano Vecellio，1488—1576）、丁托列托（Tintoretto，1518—1594）、维罗内斯（Paolo Veronese，1528—1588）和帖波罗（Giovanni Batista Tiepolo，1696—1770）等一大批；附近名城的杰出建筑师，如珊密盖里（Michele Sanmicheli，1484—1559）、帕拉第奥、斯卡莫齐也来到这里；罗马的雕刻家兼建筑师珊索维诺（Jacopo Sansovino，1486—1570）来了之后，教皇用极优厚的条件请他回去，他的回答很坚决：决不愿意离开一个共和制的政府去为专制君主服务。不走了。

到威尼斯去，东德小青年马丁和我决定离开我们的小团体。因为小团体要听许多关于陆沉、防浪、污染、工业布局、人口外流等问题的报告，而我们宁愿从文化史的角度去欣赏这座世界上独一无二的城市。

火车在淡淡的晨雾中驶过四公里长的海堤，我和马丁拼凑着我们的记忆：威尼斯曾被人叫作"美人""亚德里亚海的珍宝""海上女王"。

威尼斯鸟瞰，白色廊桥是里阿尔多桥。

大运河口鸟瞰。右侧穹顶为圣玛丽亚·萨卢特教堂，正中尖塔所在为圣马可广场。

阿拉伯人称它为"海上百合花"，斯拉夫人则称它"光芒四射的威尼斯"。我们正向它而去，心里感到幸福。这一天，我们期望得太久了。到了威尼斯，先买一份地图看，车站在大运河（The Grand Canal）西北端。从这里乘船，向左向右拐两个大弯，出大运河的东南河口，就傍圣马可广场（Piazza S. Marco）的码头。一条运河，一个广场，威尼斯的建筑精华集中在这两处。

大运河全长三点七五公里，平均宽七十点三米，两岸一幢挨一幢密排着12至18世纪的府邸。在罗马和佛罗伦萨，我不大喜欢文艺复兴的府邸。到维晋寨一看，威尼斯哥特式的府邸比帕拉第奥的作品更吸引我。不过，我知道，威尼斯的文艺复兴府邸，龙巴都（Pietro Lombardo，1435—1515）、珊索维诺和珊密盖里设计的，可不像罗马和佛罗伦萨的那么笨重呆板。它们的底层像基座，上面立两层高的柱子，窗子占满整个开间，长长的阳台，既华丽又轻快。它们比威尼斯哥特式府邸怎么样呢？我要看个究竟。

一上船，我挤到尾部，把上半个身子探出窗子外，马丁个子矮，从另一个窗口探出一个头。船一走，大运河展开了它的图卷：两岸哥特式的府邸，水平并不都高，而且形式和风格也很杂乱，但它们都是土黄色或者土红色，点缀白色的细部，被墨绿色的河水映照，在两岸形成温暖明亮的彩带，错错落落地曲折向前流去。房屋的尺度适当，体积不大，门窗阳台随意安排，有一种居家过日子的亲切气息，教人仿佛看到里面柔软的床铺，闻到喷香的烤饼，听到父母子女款款的笑语。但是，这两条洋溢着生活欢欣的彩带，却时时被一些灰白色的大方块打断。这些方块，就是著名的文艺复兴的府邸。它们的构图很完整，比例很严谨，工艺很精致，它们的质量毫无疑问比那些老的高，确实代表着当时建筑的进步。但是，它们的表情实在太傲慢，尺度那么大，一个基座层就有旁边哥特式府邸两层楼那么高。它们的完整、严谨和精致，教人觉得不是出于对生活的热爱，而仅仅是为了自高身份，端架子，摆阔气，总是瞧不起左邻右舍。相反，那些威尼斯哥特式府邸，如黄金府邸、达里欧府邸（Palazzo Dario, 1487）和福斯卡里府邸（Palazzo Foscari, 1428—1437）等，构图不失完整而活泼自由，比例不失严谨而灵活多变，虽然装饰的华丽甚至可能超过文艺复兴的府邸，但是色彩跟一般府邸协调，尺度一致，而且风格平易，并没有傲气。它们可以很亲切地吸收拜占庭的、伊斯兰的各种手法和母题。黄金府邸的券廊，用白石做的哥特式和伊斯兰式的细节装饰，像升腾的火焰一样欢乐。达里欧府邸不那么奔放，它像刚刚成熟的姑娘，遏不住青春的喜悦，但又羞答答地要掩饰，做出庄重的样子。

三天里沿大运河看了几趟，这样的印象越发加深了。

威尼斯在公元811年由移民们建立。歌德说："人们逃到这些岛上来，并不是为了享乐。他们不得不跟着带头人来，不是因为嫌弃故土，而是迫不得已来寻求安全。"移民们一开始就建立了一个共和国，主要从事手工业、商业、航海业，曾经是地中海的强国。所以，市民文化一直很发达，而宗教的影响比较弱。它的中世纪建筑中鲜明地反映着市民文化的民主主义因素。威尼斯哥特式建筑的繁荣时期在15世纪，这时候，资本主义生产方式已经萌芽，它的三千三百艘大小船只几乎垄断着地中海的贸易。新兴资产阶级的早期文化是从市民文化中发展出来的，同样，从市民建筑中发展出更加华丽、更加轻快和更加和谐的新建筑来，这就是威尼斯哥特式建筑。这种情况很像法国和尼德兰的一些城市的世俗的哥特式建筑，它们本来在相当大的程度内担当得起承载资本主义萌芽时期新思想文化的任务，无须借重古代的柱式。所以，威尼斯哥特式建筑那么有生气，富有人情味。珊索维诺和珊密盖里设计的那些高傲的府邸，都是16世纪中叶的，这时罗马的盛期文艺复兴文化已经相当贵族化了，它固然跟宗教神学对立，但同时也跟市民文化对立。表现在建筑上，那种格律严谨的柱式带来的冷漠和程式化，以及追求的雄伟壮丽的风格，就跟中世纪的和15世纪的建筑格格不入。英国著名的艺术理论家拉斯金曾经在他的名著《威尼斯之石》里说过：雄伟肃穆从来不是普通老百姓的审美趣味。16世纪中叶，威尼斯也造起了这样一批府邸和公共建筑，基本原因，就在1453年土耳其破坏了威尼斯的地中海贸易之后，威尼斯的经济开了倒车，一部分资产阶级贵族化了。于是，贵族化的建筑也就来到威尼斯。不过，共和的威尼斯毕

黄金府邸

竟不同于专制的罗马和佛罗伦萨，所以，珊索维诺和珊密盖里在威尼斯的作品，比起那里沉重封闭的府邸来，还是明朗愉快得多了。

市民建筑跟有贵族化倾向的柱式建筑的对立，也是圣马可广场建筑群内部的基本对立。在这个建筑群里，市民建筑唱着主角，成为构图中心，柱式建筑仅仅作为衬托它们的背景，这就是这组建筑群动人之处。

我们到小广场登岸，虽然晨雾初退，广场上却已经挤满了人。站在总理府（Palazzo Ducale / Doge's palace, 12—16世纪）前面，我们都很激动，马丁反复地说，呀，好像一场梦，好像一场梦。我比他沉得住气，但也兴奋得很，自己觉到身上的血在加速地流。我不由得想起，当年拿破仑一世来到这里时，曾经脱下帽子，深深地弯腰鞠躬。

面前的总理府，颜色很明艳，粉红，微微一点褐色。下部两层券，急急忙忙向上跳跳蹦蹦。它虽然很高大，但不教人觉得威严、矜持，只觉得它具有民间的节庆活动所需要的那种华美。这种印象在它旁边的圣马可主教堂上更加强烈了。它的立面是拜占庭式、威尼斯哥特式、伦巴底罗曼式以及还有说不上什么式的混合物。雕刻、绘画、金底镶嵌样样都有，而且它们跟建筑构件一起，从各处搜掠来，胡乱用上，最有名的当然是尼禄皇帝的四驾马车，从君士坦丁堡抢来。此外还有许多古希腊、古罗马的异教雕刻甚至墓碑。好像可以说它拼凑堆砌，但是不！好像可以说它幼稚笨拙，但是又不！也许可以在它身上挑出许多构图的毛病来，但它不让你挑，它强迫你赞叹它的欢乐，承认它非如此浓妆艳抹不可，使你觉得在这里挑挑剔剔全是多余。

跟这两座中世纪的建筑物相对，文艺复兴时期的图书馆（Libreria S. Marco, 1536—1553）和新旧政府大厦（Procuratie Vecchie, 1496—1517 / Procuratie Nuove, 1584），从小广场到大广场，绕了多半圈，基本不加变化，一色的柱廊，斩齐的檐口，尺度不大，只见立面而不见体积，淡淡的灰白色，安分地衬托着轮廓和色彩都很华丽的总理府和圣马可主教堂，真是恰到好处。从大广场底端远望主教堂和钟塔，在新旧政府大厦对照之下，那构图之美，世上少有能比的。文艺复兴的建筑，从不自甘充当配角,圣马可广场这样的设计,想来好像还没有第二处。如果建筑也要选最佳配角的话,金奖应该发到这里。

广场的地面是用火山岩和大理石铺的,图案简洁然而与建筑很和谐。过去,狂欢节的时候,广场铺上地毯,用锦缎装饰,连提香、乔其奥(Francesco di Giorgio Martini,1439—1501)等大师的绘画都搬到广场上来给大家看。那种华丽而生机勃勃的场面,可惜现在没有了。

圣马可主教堂里面非常暗,加上几百年来香烟缭绕,熏得黑漆模糊,连壁画也看不清了。唯一能看清的是它最自豪的祭台,很大,镶满了金银珠宝,做工极精,有千百支蜡烛和聚光灯照着。这祭台是十字军从君士坦丁堡抢来的。

游人可以走到主教堂檐头,铜马身边,去俯瞰整个大广场。

总理府的主要大厅都向公众开放。买了门票进去,先欣赏内院,它的北头是圣马可主教堂的侧面和一个钟塔。它们用白大理石造,非常多的层次,非常活泼的形体,参差错落争先恐后地向上蹿动。装饰细巧得玲珑剔透。要设想琼楼玉宇,这里就是。院子的其余三面都是文艺复兴时改建过的,比较平淡单纯,衬托着院子北头华丽的一群,所以,这院子影影绰绰有点像外面大广场的构想。

总理府里一个个的厅堂,它们的宏敞,它们的富丽豪华,远远超过我的想象,连罗马的梵蒂冈宫都相形失色。墙上,天花上,满铺满盖,金光灿灿的饱满的盘花缠绕着许多大幅的壁画,都出自提香、丁托列托、维罗内斯和帖波罗等等大帅的手笔。构图宏伟,色彩浓重而绚烂。最大的是议会大厅(Sala del Maggior Consiglio),在三楼,靠南。它净空长五十四米,宽二十五米,高十五米,西墙上一幅丁托列托画的天堂,有二十一点九米长,七米高,是当时世界上最大的油画之一。这个大厅四壁的檐头有四十六个框子,放着16世纪中叶之前历届总理的半身像,但有一个框子空着,只挂了块黑布,因为那个总理阴谋破坏共和制度,1355年被市民们在总理府的院子里砍下了脑袋。只有见到这许多大厅,才能对当年威尼斯共和国的繁荣富强和人文之盛,有一个差不多的认识。这些大厅给我的印象,是我在意大利所获得的最强烈的印象之一。那是强大的艺术力量的震撼。

总理府里,参观的人非常拥挤,最挤的地方在小小的"叹息桥"(Bridge of Sighs,1600)上。它架在总理府二楼和东面的监狱之间,白大理石造的,雕刻得很精致。我们随着大溜,前后心贴着人,一步一蹭,过桥来到监狱。监狱也是大理石造的,但像一切中世纪的监狱那么可怕,漆黑的小囚室,像原始的岩洞。难怪那道桥叫叹息桥,判了刑的死囚经桥上过来,从花格窗最后望一望阳光下的海湾和岸边翘首站着的亲人,那一霎间发出的叹息,能有多么沉重!可怪的是这座桥竟造得那么漂亮,更可怪的是,执行死刑的刑场就在总理府前面大运河岸边美丽的圣马可石柱下,就刑倒像是一次愉快的旅行。

我们在总理府的南廊下躲了一场大雨,看对面圣乔琪奥·麦乔累教堂(San Giorgio Maggiore,1565—1610)和钟塔灰蒙蒙的,像缥缈的仙山。小广场在这一面完全敞开,吞吐海天,真是绝妙的构思。海水跟岸大致是平的,风一吹,涌上岸来,小广场上水深没踝。据说高潮位时遇到风雨,广场上水深及膝,贡多拉可以划进来,那倒也是奇景。雨止云散,天格外蓝,我们赶快跑到钟塔,马丁要买电梯票,我说,走上去罢。他犹犹豫豫,怕我年老体弱,这塔高一百零二米,走起来不会太轻松。我不理他,抢先走上坡道,他才追了上来。坡道绕三十六圈到顶,绕得头晕。这时,空气刚刚洗过,在钟塔上把整个威尼斯和附近小岛看得清清楚楚,虽然数不出威尼斯市一百一十八个岛、一百五十九条河、三百七十八座桥和两百个小广场。当年,伽利略就是在这里让人们看他的望远镜的,真是选了个极好的地方。我们正望得出神,突然,噹!噹!五口大铜钟一齐敲了起来,震得人心肺痛。回头一看,它们大摇大摆,像发了疯。好几个小游客吓得哇哇大哭,一位母亲气冲冲质问管理员,为什么打钟之前不通知一下。管理员满不在乎地一扬头,说,全世界都知道这几口钟每半小时打一次。

下了塔,溜边绕广场又走了一圈,券廊里都是些高档小铺和咖圣乔琪奥·麦乔累岛，帕拉第奥设计的圣乔琪奥·麦乔累教堂和圣马可广场遥遥相望，互相成了对景。

啡馆。总理府的廊子里全是书摊。大广场南侧有一家弗劳里安咖啡馆（Caffè Florian），1720年开业，曾经接待过卢梭、拜伦、歌德、乔治·桑、缪塞、格林卡、福楼拜、瓦格纳、契诃夫、果戈里等，它使圣马可广场成了欧洲文化的聚焦点。老板在几把椅子上挂了牌子，写着拜伦或什么人坐过，游客们挤上去抚摸它们，流露出崇敬之忱。

从圣马可主教堂北边的钟楼卜走出去，一条三步一折的小巷通到大运河上的里阿尔多桥（Ponte di Rialto）。这一路，是威尼斯的商业街，旅游者必到之地。宽度不过三五米，两边单间的小铺面，卖首饰、纪念品和玻璃器物。威尼斯的玻璃工艺是世界第一，小店里，老板坐在酒精灯前，吹出蓝色的光束，烧化一团玻璃，拉拉捏捏，就成了飞禽走兽，很像我们中国的捏面人。除了玻璃器，威尼斯的特产就是烫花皮革制品和丝围巾。

小街的建筑并不出色，商业也不繁华，只因特色的商品吸引人。这在意大利的许多城市里都有。

第二天,我们乘渡船到了小广场对岸的圣乔琪奥·麦乔累岛和基德卡岛(La Giudecca),参观帕拉第奥设计的圣乔琪奥·麦乔累教堂和里腾朵儿教堂(Redentore,1575—1576)。小岛上的环境很好,房子和街巷整齐而宽敞,空间开阔,有不少绿地。在圣乔琪奥教堂前眺望威尼斯,静静的城,几座塔,总理府的南立面反射出一片亮光。这里所见,是圣马可广场最完美的景观之一。登上教堂六十米高的钟塔,能看到海湾外侧排列成弧形的岛屿,当年威尼斯强大的舰队就从那里挂帆出航。

回到大运河南岸,参观了教堂和美术馆,又过桥,到北岸,就迷失在无数阴暗的小巷里了。拿着一份比例尺相当大的地图,也很难走到要去的地方。除了西北部靠近火车站的新区外,威尼斯压根儿没有街道,只有乱麻一样的小巷子。宽的地方四至五米,窄的地方一米多一点儿,擦着肩膀过人。汽车到不了威尼斯,处处是拱桥,连自行车也骑不得。巷子里阴沉沉的,两边三至四层高的房屋,阳台歪歪斜斜,粉刷剥落,大门上的铁皮快要烂光,露出开裂的木板。楼上的窗子里,时时伸出杆子,晾着在潮湿的海风里老也干不了的衣服。脱了榫的窗扇上,偶然碎着几块残破的彩色刻花玻璃,更显得凄凉。有些窗子,连窗扇都没有了。难得见到人,更难得见到树木。河汊倒是多,比明沟好不了多少,漂着垃圾和死耗子。河边的房屋,水迹一直浸润到二楼,底层的墙都已经酥烂,早就不能住人。在巷子里拐来拐去地走,不期然来到个教堂前面,小小一方空地,太阳下常常有个人坐着,听见脚步声就拉起提琴,期待行人往帽子里扔几个硬币。

造成威尼斯的危机的原因,是陆沉,是海风和潮水盐性的腐蚀,是相隔四公里外大陆上炼油厂的污染。炼油厂大量抽取地下水,造成陆地下沉。为了炼油厂大型油船出入,威尼斯近海成半环形排列的条形海岛之间炸开了深水航道,以致潮汐升高,增强了冲刷力。炼油厂排出的二氧化硫使建筑物表面的大理石剥落,而威尼斯本来是以彩色大理石的建筑物闻名的,它们是这座城市的魅力所在。近年来,机械化的游艇日

威尼斯府邸立面局部

渐增多，它们在大运河上飞驶，不但破坏了姿态优雅的贡多拉渲染出来的悠然情调，而且掀起的波浪在沿岸府邸的墙上拍击，水花高溅，更加速了建筑的腐蚀。说威尼斯建在一百一十八个小岛上，不如说它建在几百万棵橡木桩上，现在，加强了的潮汐和波浪摇撼着这些木桩，危害到大大小小府邸的安全。

一份导游资料说，芳达柯·德·特德希府邸（Fondaco dei Tedeschi）里，提香和乔其奥的壁画完全被潮湿毁了，毁了的还有拉比亚府邸（Palazzo Labia）里帖波罗的壁画、西纳罗里（Gianbettino Cignaroli）的天顶画，康塔里尼府邸（Palazzo Contarini）里帖波罗和乔丹诺（Luca Giordano）的壁画，格列玛尼府邸（Palazzo Grimani）里提香、维罗内斯和丁托列托等大师的壁画。

曾经多么高贵的府邸现在寂寞冷落。有些改成小客栈，有些住着小官吏，有些甚至先后当作兵营、军医院和成衣店。1818年拜伦住在里面写《唐璜》的摩采尼葛府邸（Palazzo Mocenigo），门上贴着招租条，竟无人问津。提香曾经住过的巴巴里府邸，空空的，门口连个标志都没

（三）威尼斯　　173

有，我们差一点错过了它。

这种光景很教我心酸。在意大利，再没有第二个地方引发我这么凄凉沉重的沧桑之感，即使那些残石废墟。大约是因为我从书本上知道了太多威尼斯过去的强盛、豪华和美丽。我还记得，俄罗斯大画家列宾（I. E. Repin，1844—1930）在1873年给科学院的信里说：威尼斯"最下等人家的烟囱好像都是由某一个惊人的建筑天才造的"。

我到罗马不久，就听说威尼斯正在死亡。有一本小书干脆就叫这名字。威尼斯建城一千多年，发生过几次大瘟疫；1848至1849年间，为保卫独立和共和制度，在奥地利大军围攻之下，悲壮地抵抗了十五个月，城市毁了三分之一。但瘟疫和战争都没有使它死亡。现在，它却真正感到死亡的威胁。这威胁不仅仅来自陆沉、污染和风浪冲蚀，也因为它没有维持现代城市生命的基本条件。它只靠旅游业生存，人口大量离去，连一些吃旅游饭的人，也是白天来，晚上到大陆上的新城去住。住在旧市区的，大多是低收入的人。现在，它的百分之四十已不能住人的房子却住满了人；另外有百分之四十还可以住人的房子全空着，社会矛盾在居住问题上表现得很尖锐。看看大运河和圣马可广场，人们会相信威尼斯日晷（Torre dell'Orologio）上刻着的铭文："我只计快活的时辰。"但在那些小巷子里，哪个时辰是快活的呢？

有几座府邸维护得很好，专门给游客参观。府邸的形制大体都一样，楼上楼下，正中都是大厅。一面临河，另一面对着小巷，偶尔窗下有个小小的花园。大厅，也包括其他的房间，都又高又大，金碧辉煌，活像演出宫廷戏剧的舞台。我越看越奇怪，在这种府邸里，坐在哪儿休息？哪儿读书？哪儿做倾心的交谈？莫非当时的阔人们，每时每刻都在盛妆浓饰地演戏？活着累不累？虽然如此，这些府邸很高的艺术水平确实教我钦佩。

威尼斯全城的保护工作已经直接由联合国承担了。以世界的力量，它可能保得住。这对全世界都有重大的意义。威尼斯曾经以财富和文化称雄于欧洲，现在，财富或许逊色了，但它的文化价值却是不朽的。

（四）巴德瓦

我是独自应邀到巴德瓦去的。到达的第二天，巴德瓦大学的维多利奥教授邀我到他家去做客，看看他的研究工作。他正在写一篇论文，是关于巴德瓦大学校舍变迁的历史的。工作室很宽敞，四壁挂满了本城的历史地图，从13世纪起一直到20世纪。一道小小的楼梯引向夹层，那是很安静的读书角落，除了书桌和书柜之外，放着几张密斯式的轻便软椅。

这所住宅在旧城的历史中心，本来是一座贵族府邸的塔楼，把着十字路口的拐角。几年前经过改建，外貌依旧，里面已经现代化了。因为拆掉了几道隔墙，所以现在的室内空间变化多，地面和天花的高度都有变化，墙壁也有进退，处理得精心，很有趣味。这是意大利城市历史中心区改建的普遍情况。

从阁楼走到阳台上，维多利奥教授指着附近的房屋，一幢一幢地给我介绍它们的历史，哪年造的，卖给谁了。还不断从夹子里拿出古老版画的复制品，给我看它们过去的面貌。这些都是中世纪以来最普通的民间住宅，两三层的砖石房子。

我问维多利奥，那么，这就是你的建筑史研究？他笑笑，陪我去的巴杰罗教授插嘴说："大的、宏观的建筑史研究已经山穷水尽，没有多少新鲜话可说了，所以我们现在都转向微观的建筑史。研究本乡本土的普普通通的房子成了热门。"我听罗马大学的法皮奥教授说过，现在，山村路边的一所中世纪磨坊，可以引起比古罗马宫殿还大的兴趣。我想，建筑史这门科学扩大眼界当然是好的，但是说宏观建筑史的研究已经几乎到头，这倒未必。

维多利奥补充说，做这样的研究，当然也跟古建筑的保护有关系。过去只孤立地保护个别的历史纪念性建筑物，后来连带着保护它们的周围环境，现在已经转向保护整个的旧城了。既然要保护，那就有一个研究问题，要对每一幢房子做周密的、历史的研究。

这一点我在罗马已经知道，而且在费拉拉参观过足足占了市政厅一层楼的历史图档馆，也看过圣玛力诺一个小村子的全部测绘图，所以就跟他们聊了起来。我问到这些研究成果怎么处理。巴杰罗说，出版呀！她把两臂一伸，比了一个半开本说，巴德瓦的这套书会出许多，光是维多利奥所住的这条小街，就已经出了十几本，一本就有一二十斤重。我直截了当地问：出版这种书不赔钱吗？维多利奥满不在乎地说：当然由市政府出钱。

维多利奥太太掇了一张小桌子来，打开几瓶葡萄酒，叫我们吃炒杏仁。五月的太阳，还不很热，透明的蓝天，刮一点小风，正是标准的意大利好天气。话说得投机，很亲切，但是我心里纳闷，为什么还不带我出去参观呢？终于，巴杰罗说了，今天原定参观街道、广场、古罗马剧场等，这些地方最好半夜里去，白天汽车太多，吵得人心烦，说话都听不清。我当然只好同意。

于是我们谈汽车。巴杰罗说，从她家里到维多利奥家，步行只要五分钟，开汽车却要二十分钟，因为旧城中心的小街小巷都是单行线，要跟着路标箭头不断地绕路。维多利奥苦笑着说：单行线还经常修改，过几天路标一换，就认不得路了，要赶快去买一份新的交通图才行。巴杰罗又说，所以，开车到两百米外的地方去，噪声和废气要散播在几公里的路途上，翻好几番。

我问，把中世纪的旧城纹丝不动地保护下去，它跟现代化交通的矛盾怎么解决呢？他们摇摇头。巴杰罗说，为了疏通汽车，60年代把城里几条小河填平，改成了大街。我又问：威尼斯的小河世界闻名，你们怎么舍得把小河填平？巴杰罗笑笑，回答：有一个威尼斯就够了！不过，我想起在罗马跟国际文物保护研习班的班主任诸葛力多的一次讨论，他不赞成在旧中心疏通道路，因为那样一来，必定会招引来大量的过路车辆，交通更糟了。他只赞成在历史中心搞步行区，干脆不许汽车走。从1982年6月起，罗马就开始试行步行区制度了，不知效果会怎样。

还在费拉拉的时候，有两个晚上请布拉格和华沙的总文物建筑保护师报告他们的工作经验。华沙的报告特别引起我的兴趣。那位总文物建筑保护师说，第二次世界大战之后，重建华沙时，旧市中心区完全照原样恢复。这做法当时引起全世界的注意。但是，现在后悔了，因为刚刚过了几十年，就发生了再改建的问题，它太不适应现代生活了。花大钱买了个包袱背着。这个难题的唯一解答，是另建新城区，把城市生活的许多发展负担放到新区里去。欧洲人近来热衷于"复活"历史古城区，这是不可能成功的，只会搞得两败俱伤。有点儿冷清，才是保护历史地段的最佳状态。当然，即使不求"复活"，历史古城区也是要适当改善生活质量的，这是一件十分细致的工作。

在维多利奥家一直聊到晚上十点钟，主人才慢悠悠问我爱吃鱼还是爱吃肉。我说：吃鱼罢。他们商量了一下，然后，开汽车半个多小时到一座树林里，找到了巴德瓦最有名气的吃鱼的餐厅。

饭后回到市中心，已经过了午夜。把车扔在家门口，维多利奥和巴杰罗陪我步行参观。巴德瓦是个非常古老的城市，传说，它的创建人安特诺瑞（Antenore）是跟罗马城的创建人一起在特洛伊城陷落之日逃出来的，所以它是罗马的姐妹城。这位创建者的坟墓还立在省政府大厦前面。不过除了少数古罗马遗址外，现在的旧城基本是中世纪后期和文艺复兴以来的面貌，这也是意大利绝大多数城市的一般情况。巴德瓦城的一个重要特点是街道两侧都连绵着券廊骑楼，巴杰罗兴致勃勃地叫我看骑楼里，家家大门口上方，券廊的拱顶上有一个小洞口。她说，以前，每逢有人叫门，主人先在楼上打开这洞口往下看一看，才决定是否开门。这小洞只有巴德瓦才有。维多利奥笑着说：美国人一定会把这办法叫作安全系统，现在美国人把无论什么都叫作系统。

巴德瓦、费拉拉、维罗纳、曼都亚、维晋寨等许多北方城市的旧历史中心，主要是三个广场：一个是商业广场，旁边有一座大的公用建筑物，可以当市场；一个是市政厅广场；另一个是主教堂广场。三个广场紧挨着。帕拉第奥的杰作维晋寨的巴西利卡就一侧是市政广场，一侧是市场。公用建筑物、市政厅和主教堂是全城第一流的历史纪念性建筑物。它们高大，轮廓复杂，大多有钟塔和穹顶。在费拉拉和曼都亚，封建大公的堡垒、府邸和广场也跟它们联系在一起。这些壮丽的公共建筑和宽阔的广场，构成历史性城市中心的主要部分，确实非常动人。巴德瓦商业广场（Piazza delle Erbe）中央的公用建筑物（Palazzo della Ragione），造于1172至1219年间，形制很像维晋寨的巴西利卡，下层做市场，上层现在是展览厅。展览厅在1420年修理过，它的净空长八十米，宽二十七米，高二十四米，比维晋寨巴西利卡的大厅还要大得多，里面有15世纪的壁画。大厅一头放着一匹很大的木马，造于1466年，传说是大雕刻家唐纳泰罗设计的，纪念特洛伊的陷落，也就是纪念巴德瓦的奠基人。

夜深人静，我们在几个广场上来回溜达，借着明亮的灯光，维多利奥给我详细讲解建筑物的特点，他能记得每幢房子历史的一切细节。慢慢走到那条填河而成的路上，我们看了几座公元前1世纪的石拱桥。它们都已经埋在路面之下，但是被钢筋混凝土的结构保护着，好像陈列在地下展览厅里，专家们可以下去看，这种文物保护真教我感动。它纯粹出于对历史的尊崇，丝毫没有功利的目的。维多利奥几乎认识全城所有看管古迹的人，总有办法敲开熄了灯的住宅，把管理人请来给我们开锁、亮电灯。最后来到一座文艺复兴的府邸，参观里面的生土建筑图片展览。维多利奥叫开门，几个管理人员一直等我们看完，没有一点厌烦。看完的时候，发觉巴杰罗不见了，赶忙寻找，原来她坐在门厅里睡着了，睡得很香。

维多利奥跟巴杰罗从小就是朋友，他们的父亲都是巴德瓦大学的高级教授，学术委员会的成员。维多利奥跟巴杰罗这两位年轻教授，工资比工人低，工作比工人累，寒暑假都要到古建筑保护现场去度过。巴杰罗为了学术，快三十岁了还没有找对象。她悄悄告诉我："巴德瓦大学一共只有两位女教授，都还没有恋爱，我们就像女王一样，有一大批男青年围着转，听我们的指挥。结了婚，就不会有这么多人来巴结了。"原来她如此俏皮。

过了两天，我从维罗纳回到巴德瓦，还是巴杰罗和维多利奥陪着我继续参观。第一个参观的就是我住的旅馆对门的一所19世纪上半叶的古典主义房子，以前是派德洛基咖啡馆（Caffè Pedrocchi）。1848年2月8日，巴德瓦人民为驱逐奥地利占领军举行了武装起义，起义被血腥镇压下去，巴德瓦大学的一些学生据守在这座建筑物里抵抗到最后，全部壮烈牺牲。从那以后，店主人派德洛基先生决定日夜二十四小时把咖啡馆向巴德瓦大学学生开放。不久前，他的后人又把这座建筑物送给了市政当局，现在正做装修，要改成美术陈列馆，为纪念那次起义中殉国的大学生，这美术馆专给青年人使用。我们进去转了一圈，工程正在进行之中，看不到什么。负责人送了我一枚金牌，刻着这座房子的外观和起义的年、月、日。我怀着崇敬的心情珍藏了它。

咖啡馆的斜对面就是巴德瓦大学的总部，巴德瓦大学建立于1222年，是意大利第二所最老的大学。总部现存的房屋大部是16世纪以后的，内院是巴德瓦文艺复兴建筑的代表作，它的大门最古老，是16世纪造的，额上镌刻着一句拉丁文的铭文，巴杰罗翻译给我听："进来一天比一天长知识；出去一天比一天更有益于国家和基督教。"门厅迎面的墙上刻着建校以来历任校长的名字和任期，每个名字之下是他对学校的贡献。贡献有多有少，还真有几位名下是一片空白。这个题名碑实际是块褒贬碑，校长可不好当。内院四周的券廊里，墙上挂满了纹章、头像、武器等，纪念在学术上有成就的、为国家和公众做出卓越功绩的以及被教会封为圣徒的毕业生。有一间大厅里还有大幅的浮雕，纪念在第二次世界大战末期反法西斯起义中牺牲了的校友。浮雕下面的墙上，刻满了牺牲者的名字。世界上任何一所有身份的学校，都不会只传授知识，它一定还要培养人的道德情操，让他们知道对社会的责任。还有两件文物也使我感动。一件是伽利略1592至1610年间在巴德瓦大学教课时的讲台，木板钉的，虽然很粗糙，意义可不平凡。伽利略在比萨斜塔上做自由落体试验的时候，就是巴德瓦大学的教授。另一件是像漏斗一样的阶梯教室（The Anatomical Theatre, 1594）。它有六圈座位，容纳三百名学生。漏斗底上放着一张木桌子，桌子下的地板是活的，可以抽掉，下面是一条小河汊。这是16世纪末意大利第一位人体解剖学家法勃里齐（Girolamo Fabrizio）教授专门设计的。当时天主教会严厉禁止人体解剖，这门课程万一被教会查到，法勃里齐就得上火刑柱。所以，上课的时候，有人把风，看到教会的督学来了，就立刻抽掉活动地板，尸体和解剖设备一起落到河汊里准备着的一只小艇上，火速运走。可惜，现在河汊已经填死了。为了科学的进步，人们得坚定地决心奉献一切，直至生命。欧洲的科学发展史，就是由这样的人写成的。我在罗马的住所离花市广场不远，那里的布鲁诺铜像的基座上刻着："火刑柱就在这里。"每天都有年轻人庄重地去读这句话。这间阶梯教室有一间前室，玻璃柜子里放着一排骷髅，每个前面都有卡片写着人名和生卒年月。我问巴杰罗，这都是些什么人。她说，这些都是支持法勃里齐的巴德瓦大学教授，他们自愿放弃进天国的机会，甘犯宗教的罪孽，把遗体送给法勃里齐当解剖教材。说完，她在胸前画了十字。我也肃然起敬，两眼发酸，端立了一下致礼。现在，每年学生会竞选都在这间阶梯教室举行，让学生们记得他们的历史使命。

　　派德洛基咖啡馆和巴德瓦大学总部，它们庄严的历史压倒了它们在当地建筑史上的地位。另外几座教堂、府邸、市政厅等则完全因为建筑的重要而成为历史文物。例如圣安托尼教堂（S. Antonio, 1232—

1307），规模宏大，足足有一百一十五米长。上面密密挤着七八个大穹顶，轮廓饱满，都是威尼斯圣马可教堂式的。巴德瓦曾经长期隶属于威尼斯，建筑明显受到威尼斯的影响，街上还可以看到一些威尼斯哥特式府邸。圣安托尼教堂里有好多唐纳泰罗和他的弟子做的浮雕，都是不朽的名作。离火车站不远的斯克洛凡尼教堂（Cappella degli Scrovegni, 1303）则以大量乔托的壁画著名。巴德瓦是乔托的老家。

巴杰罗问我，有没有注意到，许多大教堂集中在现在已经填平的那条纵贯全城的河道两岸。我问为什么。她说，像几乎所有的古罗马城市一样，巴德瓦古时候有一座大剧场和一座角斗场，分别在这条河的南北两头。中世纪，这两座建筑物被当作石矿，拆它们的石头造教堂。为了运输方便，教堂就大多在河的两岸。有一部分石头甚至卖到威尼斯，那儿的圣马可主教堂就用了巴德瓦剧场的石头。这情况跟罗马城的一样，那里的古建筑也是因为当石矿才破坏掉的，天然破坏则很有限。拉斐尔在给利奥十世教皇的信里，就曾经慷慨陈词，痛斥历代教皇愚蠢的破坏行为。罗马有一句谚语说：巴巴里尼（教皇乌尔班八世）做了巴巴里安（即野蛮人）没有做的事。

古剧场的遗址现在是花园。剧场的遗址上，1775至1776年间造了一片世界上独一无二的绿地，叫普拉托·德拉·瓦勒（Prato della Valle）。在很大的绿地中央，沿古剧场的外廓挖了椭圆形的一圈水渠，围着一片树林，水渠外侧过去有草地，现在是人行道。水渠两岸的大理石栏杆上，周遭一共立着八十七尊雕像，都是本地的历史名人，包括城市的创建者安特诺瑞和巴德瓦大学的一些学者。雕像是白石做的，倒影落在浓绿的水里，非常恬静。椭圆形的长轴正对着广场北面一幢不大的小楼，这是绿地的构思人的家，他是威尼斯的大法官，既不是建筑师，也不是艺术家，却有这么独创性的构思。广场的东南是主教堂。

在广场边露天咖啡座上喝了一杯冰水，维多利奥告辞走了，他第二天要去克里特岛（Crete）参加一座古城的发掘。巴杰罗过几天要到土耳其去。做现场工作，是他们假期的惯例。我告诉她说，我很羡慕他们满普拉托·德拉·瓦勒，在很大的绿地中央，沿古剧场的外廓挖了椭圆形的一圈水渠，围着一片树林。水渠两岸的大理石栏杆上，周遭一共立着八十七尊白石雕像，都是本地的历史名人，倒影落在浓绿的水里，非常恬静。绿地的构思人是威尼斯的大法官，既不是建筑师，也不是艺术家，却有这么独创性的构思。

世界跑。她睁大了眼睛，觉得很奇怪，说：我们当小学生的时候就出国参观了。想了一想，又说，那么，我再多给你看一点东西罢。其实这时候她已经累得脚步都不利索了，却还是强打起精神把我带到考纳罗府邸（Palazzo Cornaro）。

考纳罗府邸的院子里，右边是一座家用剧场（1543），左边是一个敞廊（1524）。剧场现在用来展览一些文物，墙上装饰着拉斐尔风格的粉塑图案。敞廊的立面很典雅，有伯拉孟特的味道。巴杰罗要我看的是敞廊的维修工程。敞廊用的是巴德瓦产的一种土黄色石头，质地很松，线脚和各种雕饰都已经烂得模模糊糊，剩下来的也大多成了粉末，一吹就能飞落。廊子里的壁画像鱼鳞一样，一片片翘曲起来。残损到这样，连尘土都不敢掸，蜘蛛网都不敢挑。所采用的维修办法是，用塑料薄膜把敞廊严严地围起来，在里面将一种特制的胶喷成极细的雾。整整三十天之后，胶就能渗进石头表面二十毫米，把那些粉末和鱼鳞状的壁画全都粘住，当然连同蜘蛛网和尘土。粘住后的样子，就是风化所成的样子，连石头粉末沿线脚和雕刻上的凹槽落下来长期形成的一撮一撮圆锥形堆积也保持着。这样的维修工程，要的是轻手轻脚，人不能多，当然更不许参观。巴杰罗认识那两个工人，把我放了进去。特别嘱咐我连呼吸都要轻轻的，以免动了粉末。胖胖的老工人给我看试修过的小角落，叫我用手摸。我试了一试，那些圆锥形的粉末堆，已经很硬。鳞片一样的壁画，在喷雾过程中先被胶质的雾软化，恢复了原状，回到原处，服服帖帖粘到了墙上，然后变硬，颜色似乎也鲜了一些。这种绝对保持现状，并不修复，仅仅止住了进一步破坏的"干预"办法，是意大利古建筑维修工作的正宗。号称意大利学派。他们那种挑战困难的傻劲，真教人佩服。

（五）维罗纳

到维罗纳（Verona）去，陪伴我的是梅丽娜。她刚从上海复旦大学毕业，中国话说得不错。巴杰罗教授这两天主考研究生，脱不开身，就请梅丽娜陪我，她们是好朋友。

在维罗纳古堡博物馆（Castelvecchio, 1354）等着我的也是巴杰罗的朋友，叫玛格丽达。

宽阔的阿蒂基河（Fiume Adige）到维罗纳连续转了两个急弯，在左右两岸各形成了一个不大的舌状地带。维罗纳旧城就在右岸的舌状地带的舌根上，古堡占西南角，北面临阿蒂基河，南面靠城墙，东、北两面有墙和护城河。它建于1354至1375年间，是斯卡拉（Scala）王朝国王的宫殿。东边一个大院子，西边是居住区，两者之间隔一道高墙。墙的北端造了个塔楼，它脚下有一道大桥（Ponte Scaligero, 1354），向西跨过河去，万一城里发生事变，国王一家可以从这里逃跑。六百多年之后，19世纪初，拿破仑的军队在北边院子里沿河造了一座两层的营房，遮挡了古堡的一部分。1923至1926年间，成立市博物馆，把一座因修建河岸而拆掉的哥特式府邸的立面装到兵营的东立面上，正对着古堡的大门。

第二次世界大战之后，意大利著名的文物建筑保护家和博物馆设计家斯卡巴（C. Scarpa）负责古堡的维修工作。他在这里精雕细刻，干了整整二十年，他基本按照意大利学派的原则办事，不改变历史形成的面貌，把粗糙简陋的兵营保留下来，同时，力求使古堡原来的面貌清晰可读。他拆掉了营房南端一小段，把营房跟分隔院落和居住区的那道墙脱离，让人能从缝隙间见到墙，更重要的是看到墙西端的塔楼的全貌。他又拆掉营房西北一小角，让人在营房里面能见到另一座古堡塔楼的全貌。营房西墙在恰当的位置巧妙地开了几个很小的窗口或者缝隙，分别可以见到那道桥、城墙、水闸、河面、芦苇丛和对岸的教堂。总之，凡营房建造之前在院子里可以见到的一切，全都可以见到，虽然要更换几处观赏点。营房内部，梁、隔墙和楼板等跟搬来的哥特式立面不合辙的地方，一概照旧暴露，不加掩饰。为了做博物馆，营房内部所有隔墙的中央都挖了一个大券洞，使空间连通。最有趣的是，营房南端拆去了一小段之后，从二楼造了一道曲折的钢结构走廊，凌空越过拆成的空隙，通到古堡的塔楼里去。而在这道走廊的中部，又有一棵钢筋混凝土的方柱子，头上拐成一段悬臂梁，梁端斜放着古堡的创建者国王坎格朗德的骑马像（Statue of Cangrande）。这像是从他的坟上搬来的，古色古香。这些新的结构，跟营房和古堡对比很强烈，却又完全统一，真是杰作。营房前面花园里点缀的喷泉、花坛之类的小建筑物，也全是现代风格的，但丝毫没有不协调的感觉。斯卡巴的这些创作的设想之巧、水平之高，使一座旧军营的改造竟成了闻名世界文物界的杰作。不过，也有人对安置那尊骑马像有些批评。

对于原有的古堡和居住部分，则很严格地保持原样。为了展品采光，有时掀掉一片瓦，用玻璃明瓦代替。因腐朽而抽换过的木梁和楼板有意显著跟原件不同，避免混淆。例如原有的条木地板是顺向的，挖补上去的则是横向的。斯卡巴是当代文物建筑保护的意大利学派的代表，他对《威尼斯宪章》的形成有过影响。

玛格丽达非常腼腆，但又很希望练习练习英语，轻声轻气地向我介绍，遇到有些意思表达不出来，脸就红了起来，抱歉地笑笑。梅丽娜是个急性子，大嗓门，本来是打算跟我温习中国话的，因此常常抢玛格丽

（五）维罗纳

宽阔的阿蒂基河到维罗纳连续转了两个急弯，在左右两岸各形成了一个不大的舌状地带，维罗纳旧城就在右岸的舌状地带的舌根上。图的下部便是古堡博物馆。

达的话。但她不懂英语，所以在玛格丽达柔性地坚持说英语的时候，急得气粗。

　　离开古堡的时候，我再三辞谢了玛格丽达的盛情，没有让她陪我参观旧城，梅丽娜因此很高兴。

　　维罗纳是历史名城，号称北方的钥匙，古罗马重镇。6世纪时，是东哥特人的首都之一。古迹很多，古罗马的城门、券门就有好几个。它的古罗马奥古斯都时代的角斗场（Arena）保护之好，在意大利是数得着的。角斗场在市中心，离古堡不远，观众席全部完整如初，不过最外圈的墙已经差不多拆光，只剩下全部七十二个开间里的四个开间了。它长轴一百五十二米，短轴一百二十八米，观众席一共四十三排，两万五千座，是几个最大的古罗马角斗场之一。外墙高三十点七五米，那剩下的一部分相当壮观。我们参观的时候，正在为夏季音乐节做准备。

角斗场西侧的广场上有个很大的喷泉，附近一大片地方都凉飕飕发潮。广场西边是警备司令部大厦（Gran Guardia Vecchia，1609），体形是长方的一块，棱角整齐，看上去硬而冷，基座层高高，上两层用柱式，是珊密盖里式的。

古罗马剧场在河的左岸，正对着旧市区舌状地带的顶端。它大部依山修筑，像古希腊的剧场，小部分像古罗马剧场，是拱券结构的。这一部分现在用作艺术博物馆。观众席修复了前二十排，也正在筹备音乐节。有一座10世纪的哥特式小教堂竟造在观众席上，现在也保留着不动。保护古建筑，主要是尽可能多地保存有价值的历史信息，而不是追求单个建筑的完整，所以这座小教堂不必要或不应该拆除。当然在实践中对历史信息价值的认定会有不同的意见，这就导致保护措施的差异，我总算渐渐懂得了这一点。从剧场的高处，眺望维罗纳旧城，教堂的穹顶和各种各样的塔高高挺起在红色的屋顶海洋之上，城市的轮廓很丰富活泼。

维罗纳是珊密盖里的故乡。这位文艺复兴的建筑大师，像帕拉第奥一样，在桑梓之地留下了他最重要的作品，形成了一个流派，维罗纳的文艺复兴建筑因而有了自己的特色和很高的地位。珊密盖里本来是个军事工程师，设计的城门都很出色。他把军事构筑物的粗犷力量带到了府邸建筑里，发展了起始于拉斐尔的立面构图：底层做成高高的粗石墙，窗子小，整个像基座；上面两层立着凸出的强有力的柱子，柱身凹槽很深；几乎整个开间是窗子，没有墙面；细节却很精致。他的作品大多在第二次世界大战之后，意大利著名的文物建筑保护家和博物馆设计家斯卡巴负责古堡的维修工作，他在这里工作了整整二十年，使一座旧军营的改造竟成了闻名世界文物界的杰作。

斯卡巴手绘的古堡修复草图

旧城历史中心的重要位置，现在用作公共建筑物。贝维拉瓜府邸（Palazzo Bevilacqua, 1527）是其中比较著名的一个，开间的处理作方圆的交替，柱身上作螺旋形的凹槽，这种有悖于柱式的严谨格律的倾向，是"手法主义"的特征。手法主义是介于文艺复兴和巴洛克之间的一个发展阶段，一般认为牵头的是米开朗琪罗。这位不羁的天才，不顾当时越来越学究化，越来越僵死的柱式规范，不去遵守已经没有实际意义的虚假的结构逻辑，干脆把早就只不过是装饰因素的柱式当装饰品处理，率先在美迪奇家庙和劳伦齐阿图书馆门厅里开辟了自由运用柱式的风气。后来追随的人渐渐多了，珊密盖里、珊索维诺和瓦萨里都是其中翘楚，最后导致17世纪巴洛克建筑的诞生。

不过，珊密盖里设计的庞贝府邸（Palazzo Pompei, 1530）却很严

斯卡巴修复的古堡内部

谨,也比较清秀而没有那种粗犷的性格。它在河的左岸,面对着河堤,现在是个博物馆。这座府邸充分表现了他的独创精神和审美修养。难怪维罗纳人纪念他,给他在市中心造了一尊雕像。

为了看庞贝府邸,我们赶路很猛,梅丽娜吃不消,建议休息一下,在河边树荫下吃一顿烤饼。吃的时候,有一帮小青年用轮椅推来好些个残疾人喝啤酒,我问梅丽娜是怎么回事,她说,意大利有些城市招聘青年人推残疾人上街走走,每天一两个钟头,报酬是让他们免费上大学。我逗她轻松一下,问:我今天把你拖着在街上跑十个钟头,是不是可以在意大利免费上大学?她吐一口气说,想不到你这个老头儿这么有劲。也真难怪她埋怨我,为了想多看些东西,把她累得连紫红色裙衫都湿透了。

珊密盖里设计的府邸虽然是文艺复兴建筑的第一流作品,而且比起佛罗伦萨和罗马那种在长方形大墙面上排窗子的府邸要华丽得多，但是，我却更喜欢那些旧市中心的广场和它们的建筑物，就跟我在威尼斯的时候，更喜欢威尼斯哥特式建筑一样。如同所有的意大利北方城市，维罗纳的旧市中心也是由几个广场组成的，不过它的内容特别丰富，空间特别曲折，建筑物形式特别多变，雕刻、喷泉、券门和过街廊等装饰性小建筑物特别精致华丽。最热闹的是菜市场（Piazza delle Erbe），就在古罗马时代的广场上，当年它的外环是赛马场的跑道。现在的地面已经比古代的高出三点五米，场里有喷泉、中世纪时公布政府告示和法庭文书的柱子以及纪念像等。这些装饰物都有动人的掌故，所以在摊贩们色彩缤纷的帆布伞之间，不但有鲜菜香果，而且可以寻觅浓厚的历史趣味。菜市场的两端各有一座高塔，东南一座"公社塔"（Torre dei Lamberti），红砖的，用白石做装饰，造于1462至1464年，八十多米高，1972年装了电梯，开放参观。它脚下的"公社大厦"造于1193年，本来是斯卡拉王朝的宫殿，它有个宽敞的方形内院，也跟广场群连通，以前就叫市场，现在当作露天剧场用。有一座楼梯，哥特式的，大理石造，分两折登上大厦的二层，给这院子添一份活泼的生气。不同于费拉拉市政厅的楼梯的是，它没有顶子。紧挨着"公社大厦"的另一面，是市政广场，因为有一尊但丁的像（1865），又被叫作但丁广场（Piazza Dante）。但丁从佛罗伦萨流亡出来，1301至1304年间在维罗纳受到过国王斯卡拉家族（Della Scala / Scaligeri）的庇护。市政广场上有一座敞廊（La Loggia del Consiglio），15世纪后半叶造的，本来是市政厅的一部分，后来给警察当休息廊用，这是意大利文艺复兴最优美的建筑物之一，非常温柔。1873年修复，檐头上安了五个当地名人的雕像，其中一个是古罗马建筑师维特鲁威（Vitruvius，公元前1世纪人）。维罗纳人喜欢说他是他们城的人。在意大利，政治家的雕像寥寥无几，建筑师却很受尊重，阿尔伯蒂、帕拉第奥、珊密盖里都有纪念碑，有广场。罗马圣彼得大教堂的穹顶鼓座上有一个龛，龛里陈放着米开朗琪罗的铜像，我每次上去，都会在它面前停一停，肃然起敬，感谢他对全人类文化的贡献。

从市政广场的一角，穿过券门，就是14世纪维罗纳统治者斯卡拉家族的墓地（Arche Scaligere）。每座墓都是一座哥特式亭子，大理石的，精雕细刻。纤秀空透的柱子、尖顶、神龛、小券等错错杂杂组合在一起，非常轻盈玲珑而富有向上升腾的动态。亭子中央放石棺。石棺的顶子是带台阶的金字塔式的，顶尖上是死者的骑马像。台阶寓意这个家族的姓氏斯卡拉。斯卡拉，意大利语就是台阶的意思。在墓地东侧，还有两个互相垂直的长方形广场。

城市中心广场群的建筑物，大多用当地产的彩色大理石，红、赭、粉红都有。意大利的城市建筑大多有浓重的颜色，以土红、土黄为主，那是砖的颜色，而维罗纳的主色调却由大理石确定。

意大利北方城市里的广场，比罗马城里的广场更引人入胜。原因之一是它们成群，互相之间以券门、台阶、短巷等又连通又分隔，空间和景观的变化比罗马的丰富得多；原因之二是它们是日常生活的中心，敞廊、公用大厅、市政厅、钟塔等占主要地位，而罗马的几个著名巴洛克广场都以教堂为中心；另外一个原因是，罗马的广场有些是巴洛克时期定的形，轴线对称，比较呆板，而且被交通线穿过，北方城市的广场大多没有轴线，不求对称，构图很复杂而活泼。最后，北部城市的广场里有高高的钟塔，形成垂直轴线，而罗马的广场大都没有钟塔，或者只有附属于教堂的钟塔，比较低，景观便显得简单一些。

维罗纳虽然不在伦巴底，但毕竟挨得很近，伦巴底的罗曼建筑和哥特建筑在这里都有些重要的代表作，如圣塞诺教堂（San Zeno, 11世纪）、主教堂（Doumo di Verona, 12世纪）和圣阿内斯达西亚教堂（S. Anastasia, 1471）等。我希望一个都不剩地全看到，东奔西跑。梅丽娜很不耐烦，再三要我跟她走。原来她认为我应该把兴趣放在维罗纳最重要的古迹上，这就是朱丽叶的家（Case di Giulietta）和她的香冢。朱丽叶，就是莎士比亚笔下那缠绵悱恻的爱情悲剧的主角，那么，她的家我当然想去看，于是就跟着梅丽娜走。朱丽叶的家离中心广场不远，进入

（五）维罗纳

一个幽静的小院落，右侧就是。哥特式的，红色砖墙，二楼挑出一个白石的阳台，在那儿朱丽叶曾向罗密欧倾诉衷肠。阳台下，大约当年罗密欧站的位置，亭亭立着一尊朱丽叶的铜像，像后面，衬着一片爬满了常青藤的墙。参观的人来了一批又一批，老头老太们满面笑容站在朱丽叶的像边摄影留念，请不幸的情人做他们爱情幸福的见证人。虽然据说发生于1302年的罗密欧和朱丽叶的故事是虚构的，这幢"故居"仅仅出于好事者的附会，但参观的人宁愿相信它是真的。这就是旅游者和文物古迹研究者、保护者之间的差别。这种差别在我们国家给保护工作造成了很大的困难。不过，这朱丽叶故居也实在可爱，我多照了好几张相，梅丽娜见了很高兴，问我：你知道那对情人的故事吗？我说知道，还说了个大概。她问：你怎么知道的？我告诉她，我读过莎士比亚的剧本。她撇一撇嘴，哼了一声，说：不，这对情人的故事是维晋寨人达泡多（Luigi Da Porto）写的，1531年在威尼斯出版。我听了不禁肃然起敬，惭愧我实在说不出程伟元是哪一年刻印了《红楼梦》的，更不用说梁山伯和祝英台的故事是怎么流传下来的了。

从维罗纳回巴德瓦，一上火车，梅丽娜就睡着了，但半路上醒来一次，很有意见地对我说，在复旦大学的时候，中国老师把她的名字译成了梅丽娜，而她却愿意译成美丽娜。"美丽多好，梅丽算什么！"

她确实非常非常美丽。

（六）曼都亚

曼都亚（Mantua）是座水城。一直到16世纪末，它还是四面被大湖包围。湖面拐到城里，形成两个内港，一周圈的船码头。它靠几道长堤跟外界连接，对岸堤头筑一座要塞，带碉楼的城墙围着教堂和少量住宅。现在，城南的水面已经填平，东面的也填没了一小半，城里的内港一个成了绿地，一个只剩下一点痕迹。

我和巴杰罗一下火车，候在车站的古奇多就把我们让上汽车，径直穿过全城，把我们带到西北角长堤对岸的野树林里。我正纳闷，他下车拨开一人多高的稠密的芦苇，叫我过去。或许是我有点儿迟疑，巴杰罗推了我一把，我钻进去了。苇叶割着我的脸和手，好痛！艰难地走出芦苇丛，到了浩浩渺渺的大湖边，看对岸好一幅景致。原来古奇多要我欣赏曼都亚的轮廓线。它是这座城市的骄傲。虽然穹顶和钟塔的数量并不比维罗纳的多，但是很集中，穹顶也比较饱满，再加上大片湖水的映衬，确实非常美。古奇多说，曼都亚的轮廓线、城外残存的湖面和湖对岸的绿地，无论如何是要保护的。意大利的古建筑保护，大致经历三个阶段，最早是保护个别的纪念性建筑，后来保护整体的历史性城区和村落，最近是扩大到它们很大范围的自然的和人造的环境。照古奇多的意思，很后悔第三个阶段的认识来得太晚了，损失已经很多。我心想，我们连第一个阶段都还没有真正进入呢，再拖几年，损失不知会有多大。

意大利北部的城市和村庄一般都有钟塔、穹顶或者教堂高高的山花，它们组合在一起，参差错落，从不同角度看去构图都不一样，确实是妙姿横生。一点点儿大的山村圣杰米尼阿诺（San Gimignano），离锡耶纳不远，本来有七十二座塔，现在还剩下十四座。它们当初不仅有军事防御作用，更有炫耀贵族家世的作用。对居民来说，每个城市和村庄的轮廓线有它的特色，老远就能识别，自然给居民一种亲切的乡情。因为大多数旧城镇或者它们的历史中心都当作文物整个保存下来，所以，这些轮廓线大约不致再遭到破坏。有一天，著名的英国文物建筑保护家费尔登（B. M. Feilden）在罗马圣彼得大教堂前眺望旧城的轮廓线，赞扬意大利人基本上保护了它。加拿大人约翰在旁边说，可惜伦敦圣保罗教堂（St Paul's Cathedral）附近造起了高楼，轮廓线全被破坏掉了。费尔登博士侧着头，很有信心地微笑着说：莫着急，只要圣保罗教堂在，总有一天这些无聊的东西（nonsense）会拆掉。我望着他的眼镜，一边有玻璃，一边只有空框，总是侧着脸看人，觉得很奇怪。他的这些话，怪呢还是不怪？（1993年秋，我的右眼病残了之后，他来信告诉我，他的左眼在四十年前打猎时被枪打瞎了，现在的眼球是假的。）

看完曼都亚的轮廓线，古奇多要带我们去看他负责维修的教堂和修道院。巴杰罗不同意，说：当然要先到我外婆家。我一听觉得不妙，意大利人多半是慢性子，糊里糊涂就能耗掉几个钟头，耽误了正事也满不在乎，但又怕不去也许很不礼貌，有点儿犹豫。古奇多只是笑笑，开了车。到大公爷府（Palazzo Ducale）门口，下了车，巴杰罗才告诉我，她的母亲出身于大公爷贡查迦家族（Gonzaga），所以她把大公爷府叫外婆家。

贡查迦家族在15世纪统治着曼都亚，和意大利几乎所有的统治家族一样，很有文化修养，几代都是文学艺术的保护人，对意大利文化的灿烂，做出过贡献。阿尔伯蒂、罗曼诺（Giulio Romano，1499—1546）、鲁本斯（Peter Paul Rubens，1577—1640）和丁托列托这些文艺复兴和巴洛克的大师都在曼都亚工作过。大公爷府里收藏着大量的艺术珍品。

大公爷府包括一座14世纪的堡垒（Castello di S. Giorgio），16世纪的

曼都亚的天际轮廓线

府邸和教堂（Basilica S. Barbara），加在一起有十五个院落、四百五十间以上的房间和大厅。堡垒外形跟费拉拉的艾斯塔家堡垒有一点像。府邸由许多部分组成，是陆续建造的，风格不统一。它保存着从16世纪直到18世纪的室内装饰，俨然是三百年装饰艺术的展览馆，精致华美，很有价值，其中有几个大厅水平很高。大量的壁画中有鲁本斯、丁托列托和罗曼诺的作品。罗曼诺还设计了它的跑马院，四周建筑立面用重块石，非常粗犷有力。据巴杰罗说，这立面上的螺旋形柱子是同类中最早的，罗马圣彼得大教堂圣坛上的青铜华盖，贝尼尼设计的，用的是这种柱子，晚了一百年。罗曼诺是个手法主义者，螺旋形的柱子就是手法主义的一种表现。更有手法主义特色是柱子之间的额枋，在水平构件正中镶了一块龙门石，而且向下错开，好像掉下了一半的样子。构造逻辑被刻意破坏了。府邸里有一区专门给侏儒用，包括卧室、餐厅、起居室等等，尺度很小，像托儿所。中世纪和文艺复兴时期，统治者喜欢养一批侏儒作解闷的玩意儿，这是一种很残忍的风尚。巴杰罗带我看了看这一区，默默无言。在其余部分，她滔滔不绝，讲着许多有趣的逸闻轶事。她以特别的感情，介绍生活在15世纪末、16世纪初的大公爷夫人，费拉拉艾斯塔家的伊萨培拉。这是一位绝色美人，文化教养很高，大公爷府的艺术品大部分是她收集的。费拉拉的艾斯塔大公是意大利北方文艺复兴艺术的最主要保护人和倡导者。他家几代都有很漂亮的女儿，嫁到各公国贵族家中后，就把文艺复兴文化带了过去，婚姻起了传播文化的作用，费拉拉也就成了北方文艺复兴文化的中心之一。

从大公爷府出来，在主教堂前面一家餐厅吃午饭，巴杰罗要的是扇贝。这种扇贝，贝壳长得匀称，放射形的纹理整齐而且清晰，是意大利巴洛克和法国洛可可艺术常用的装饰题材。难怪欧洲人爱把巴洛克和洛可可艺术叫作自然主义的，或者就把洛可可艺术叫作贝壳式艺术。我想起了罗马城里野生的忍冬草，叶子肥大多汁，初冬出芽，整个冬季浓绿油亮，非常茂盛，四月抽薹开花，五月枯死。找一棵长得端正的忍冬草，砍下来，就是现成的一朵科林斯式柱头，简直用不着多少程式化加工。罗马人爱用科林斯柱式，也是一种自然主义趣味。欧洲艺术史家一向鄙薄自然主义，嫌它没有精炼，这就牵涉欧洲园林和中国园林的差别了。

饭后到古奇多家，那是一座旧府邸，他住的一套房子全是洛可可式的装修，包括壁炉和吊灯。虽然装上了现代化设备，但光线太弱，套间太多，房门太大，天花太高，终究并不舒适。古奇多告诉我，旧城中心所有的老房子，虽然是私有的，但维修工作都要由有专门执照的文物建筑保护师来做，而所做的设计，还得由地方当局的专门审核单位批准才行。没有批准，连一点小修理都不许，更不用说改变了。所有的房屋都有一本档案，记录详细，有图有照片，专门的保护单位定期检查，偷偷地改也行不通。古奇多是个有执照的私人开业的文物建筑保护师，热爱古建筑，虽然这套房子不大合用，还是很得意。而且，这府邸本是他家祖产，所以他的得意更富有感情色彩。这份得意显然是他的家传，正是他八十多岁的老妈妈，特意点亮了一个古老烛台，拿着，颤颤巍巍走到壁炉边，照亮墙上残存的一小块装饰花纹给我们看。这块花纹只剩下一巴掌大，已经磨损得很厉害了。老太太不会说英语，只好用意大利语反复说：洛可可，洛可可！满脸皱纹里都洋溢着心满意足的微笑。这微笑展示着一个民族的文化修养，真是动人得很。

然后参观古奇多负责维修的一座13世纪的教堂，圣玛丽亚·戴尔·格拉达洛教堂（Santa Maria del Gradaro）。他采用的是复原式修复，把教堂立面上后来开的两个窗子都堵死了，不过，他清晰地保留着窗子的痕迹，一点也不掩饰，这就是保持文物建筑历史的可读性。教堂内部，最重要的是清除了后来填的一米来高的地面和历年的添加物，恢复了教堂内外的完整统一。旁边修道院的立面则不采取复原式的维修，上面各时代改过的门窗一律不动。我觉得很可惜，因为原来的哥特式窗子很漂亮，而后来的很简陋。教堂和修道院采用不同的维修方式，是因为修道院改了的窗子很合用，而教堂是在第二次世界大战中被德国兵当作军马厩的时候开窗子和填地面的，现在重新用作教堂，那窗子和地面就要改回去。意大利的文物建筑保护师很严格地遵守保护工作的理论原则，但原则并不琐细僵化，给具体的实际工作留下不小的灵活处理的余地。没有坚定的原则什么也干不好，没有权变的余地同样是什么也干不好。意大利人把这个分寸掌握得很合适。

看完这个维修工程，又回到市中心参观阿尔伯蒂设计的圣安德烈教堂（Sant'Andrea，1782封顶）。这教堂的内部是我在意大利见到的最出色之一。它规模宏大，难得的是处理得非常单纯，几何形体极其明确。经过多层次的烘托，尺度既近切于人又适合于它的规模，加上细节的做法有鲜明的室内建筑特色，所以，它既充分显示了宏大高敞，又不教人觉得压抑。这个内部到18世纪才全部建成，但完全忠实于阿尔伯蒂的原设计。比较一下，更觉得莱米尼的圣弗朗赛斯科教堂内部没有按阿尔伯蒂的原设计建造，是个太大的损失。

圣安德烈教堂是拉丁十字式的，在交点上造穹顶，正立面前只有曼都亚鸟瞰。中间拉丁十字式的穹顶教堂就是阿尔伯蒂的作品——圣安德烈教堂。

小小一个回旋空地,所以只能在它侧面的菜市场上才能观赏穹顶。这跟佛罗伦萨的主教堂以及其他许多北方城市的教堂相似,并不教人觉得遗憾。但罗马的圣彼得大教堂却不同,那个教堂在城的边缘,以正面对城市,侧面并没有任何广场之类,所以,正面见不到完整的穹顶,就是个憾事了。

圣安德烈教堂里有朗杰努斯(Longinus)的墓,这是一个古罗马兵士,传说耶稣基督钉死在十字架上后,第二天,他用长矛刺耶稣基督的腰,腰里流出了血和水,他当场立时三刻皈依了基督教。曼都亚人居然给了他这么一个体面的墓地。我对巴杰罗说,你们意大利人确实很宽容。她回答,也许是太不认真,马马虎虎。

就跟维晋寨和维罗纳一样,曼都亚在文艺复兴时期也有它自己的建筑大师,这就是罗曼诺。他出生在罗马,但后半辈子长期在曼都亚工作。现在有一条街叫罗曼诺街（Via Giulio Romano），街上有他的故居。故居是两层的临街四合院。跟他设计的大公爷府里跑马院的立面一样，故居的立面也用重块石，底层简单的小方窗跟主层的大窗子的对比很强。大窗子上边又用重块石发券。他的风格有点像珊密盖里，不过更粗犷，更严峻，细节更少而几何性更强。

罗曼诺的代表作是南门外的戴尔丹府邸（Palazzo del Te，1525—1535）。这是一座夏宫，单层的，围在开阔的方形院子四边，立面很长，平展展地贴在草地上。门窗上的重块石和宽宽的壁柱很有力量。院子后面有一片更大的草地花园，对着府邸的那一端用半圈环廊兜着。戴尔丹府邸也是贡查迦家的产业，所以巴杰罗还是几乎有本事说出每一间大厅里发生的故事，而主角是另一位绝色美人，也叫伊萨培拉，但是故事里仍然有艾斯塔家的伊萨培拉掺在里面，我越听越糊涂。

戴尔丹府邸最出名的是四合院面对后花园的敞廊。敞廊三开间，发三个大券，每个券脚由四棵塔斯干式柱子支着，产生戏剧性的轻重对比和光影变化。开敞和戏剧性，这些独出心裁的处理，都是手法主义的特征，以后为巴洛克所发展了的。在方形院子里，多立克式立面上每开间中央的一块三陇板好像从原来的位置上向下滑脱，它跟大公爷府跑马院里的额枋一样，表现出手法主义反结构逻辑的矫揉造作。

罗曼诺又是个画家，他的画也是手法主义的，极其粗豪奔放，雄强有力而出奇制胜。在大公爷府有他在特洛亚大厅的壁画，在戴尔丹府邸里则有"巨人厅"（The Giants Room）的壁画（1532—1534），更加淋漓尽致。这大厅没有窗，只有一扇门，从天花连四壁直到地面，画着一整幅惊心动魄的壁画。题材是地神和大神的儿子们巨人族反叛宙斯，妄图抢占奥林比斯圣山（Olympus），宙斯镇压叛乱。构图极其动荡，色彩极其强烈，百十来个巨人、妇女和天使像，其中有不少高达四米，赤裸着筋肉怒突的身躯，姿态动作变形得十分夸张，情绪激越到了仿佛要爆炸的程度，互相冲突撞击，互相挤轧叠压。一团团沉重的浓云，从他们的胁侧、腰间或者胯下喷涌而出。反叛者把巨大的山岩和烈焰熊熊的树木

（六）曼都亚

戴尔丹府邸，罗曼诺的代表作，位于曼都亚的南门外，也是贡查迦家的产业。

向山上扔去，宙斯发出震天动地的霹雳，击毁了巨人们的殿堂，断裂成碎片的柱子、梁、券和墙，四散飞迸，哗啦啦塌下，把巨人们砸得跌扑翻滚，声嘶力竭地嚎叫，表情或者大痛苦，或者大恐怖。整个巨人厅包围在这么一幅画中，那股巨大的力量，压迫得人透不过气来。这个故事常常受到欧洲美术家的青睐，在整个美术史里，大概没有第二幅这样摄人心魄的作品了罢。

出了巨人厅，舒几口气，惊魂稍停，我对巴杰罗说，宙斯肯定不是意大利人，他既不宽容，也不马马虎虎。不知为什么，她忽然说起意大利年轻人的吸毒、淫乱和不长进来。我很奇怪，因为那晚上她陪我夜游巴德瓦，我们在骑楼下遇见不少吸毒者和妓女，我说了几句不客气的话，她抢白我说，只要他们不伤害别人，谁也管不着。大概那时候我们还不熟，她觉得伤了她的民族感情。这时已经比较熟了，就说出了心里话。

戴尔丹府邸最出名的四合院面对后花园的敞廊，敞廊三开间，发三个大券，每个券脚由四棵塔斯干式柱子支着，产生戏剧性的轻重对比和光影变化。

  过了几天，一个上午，在巴德瓦大学城市建筑系的办公室听了专门给我做的用远红外勘察地下古迹的介绍，这门技术我从来不曾接触，术语太多，不大听得明白，也没有深问。事后系主任驾车送我到火车站，我上了车，巴杰罗拉住了列车员，一遍又一遍叫他一路好好照料我。车动了，列车员用意大利式的又硬又脆的英语对我说：你是个好朋友！

（六）曼都亚

图书在版编目（CIP）数据

意大利古建筑散记 / 陈志华著.—北京：商务印书馆，2021
（陈志华文集）
ISBN 978-7-100-19865-3

Ⅰ.①意… Ⅱ.①陈… Ⅲ.①古建筑—建筑艺术—意大利 Ⅳ.① TU—095.46

中国版本图书馆 CIP 数据核字（2021）第 073720 号

权利保留，侵权必究。

陈志华文集
意大利古建筑散记
陈志华 著

商 务 印 书 馆 出 版
（北京王府井大街36号 邮政编码100710）
商 务 印 书 馆 发 行
北京中科印刷有限公司印刷
ISBN 978-7-100-19865-3

2021年10月第1版　　开本 720×1000　1/16
2021年10月北京第1次印刷　印张 13
定价：68.00 元

(一)

"建筑是石头的史书"，"建筑是艺术的最高峰"。十九世纪，这两句话在欧洲流行，已经很难确凿地说是哪位聪明人先说出来的。总之，十九世纪，欧洲人已经认识了建筑在人类文化中的地位了。

建筑在文化中的地位，决定于它的性质。它们的它达到的高度，技术的和艺术的高度，它的"凝固的音乐"称呼。它是Monument，这便是它的性质。

从黄土地上的窑洞，到小女孩温馨的闺房，到豪华的宫殿，到金字塔，圣·彼得堂，万神庙，万里长城，建筑性质的多样和变化的跨度之大，包含、综合的人类文化。人类所有的种种活动，有建筑提供的气魄、丰富、豪华、精致。有性格、有感情。

建筑在人类万大的文化构造。它记录着人类为创造美善的性质的一切。真实、生动、准确记录着人类文明的发展和成就。

IRLANDE

St Patrice, a été esclave en I[r?]pendant six ans
Il a fait ses études à Marmoutiers et à Lérins
Accompagne St Germain d'Auxerre en Angleterre.
Pape St Célestin lui fait évêque d'Eire 33 ans la [...]

Ste Brigitte.

St Colomban 515-615. Entre l'abbaye de Bangor.
Il se trouve à Annegray, Faucogney (Hte Saône)
Puis, il se fixe à Luxeuil, qui est aux confins de Bourg[ogne]
et de l'Austrasie.
Ensore, il fonda Fontaines, et 210 autres.

Sa contemporaine, la reine Brunehaut, fonda
St Martin d'Autun, qui fut rasée en 1750 par les moines mêm[es]
Elle a expulsé St Colomban de Luxeuil après 20 ans
Il a allé à Tours, Nantes, Soissons,...
et commence sa vie de missionnaire. De Mainz, il suit
le Rhin, jusqu'à Zurich, et se fixe à Bregentz, sur le [lac de Con-]
   Son disciple est St Gall.

   Brunehaut est maintenant la maîtresse de Constanz
Le St passe en Lombardie. Il fonda Bobbio, entre Gênes et
Milan, où Annibal a eu une victoire.
   Il meurt dans une chappelle solitaire de l'autre côté de la Trebb[ia]

LUXEUIL: 2e abbé St Eustaise. Il a toute coopération
du roi Clotaire, seul maître des 3 royaumes francs.
   Il est aussi la plus illustre école de ce temps. Evêques et
saints sont tous sortis de cela.

   3e Abbé Walbert, ancien guerrier.